U0199932

生产网络与区域创新论丛

工业设计业合作网络研究

——以上海市为例

方田红 著

中国财经出版传媒集团
中国财政经济出版社

图书在版编目（CIP）数据

工业设计业合作网络研究：以上海市为例／方田红著．—北京：中国财政经济出版社，2018.7

ISBN 978－7－5095－7941－1

Ⅰ.①工…　Ⅱ.①方…　Ⅲ.①工业设计－企业－技术－合作　Ⅳ.①TB47

中国版本图书馆CIP数据核字（2017）第318454号

责任编辑：高树花　卢元孝　　　　责任印制：刘春年

封面设计：孙俪铭　　　　责任校对：张　凡

中国财政经济出版社 出版

URL：http：//www.cfeph.cn

E－mail：cfeph@cfeph.cn

社址：北京市海淀区阜成路甲28号　邮政编码：100142

营销中心电话：010－88191537　北京财经书店电话：64033436　84041336

北京财经印刷厂印装　各地新华书店经销

710×1000毫米　16开　14.25印张　240 000字

2018年7月第1版　2018年7月北京第1次印刷

定价：58.00元

ISBN 978－7－5095－7941－1

（图书出现印装问题，本社负责调换）

本社质量投诉电话：010－88190744

打击盗版举报热线：010－88191661、QQ：2242791300

总　序

长江全长6397千米，是世界第三大长河，流域面积180万平方千米。长江经济带包括上海、江苏、浙江、安徽、江西、湖北、湖南、重庆、四川、贵州、云南九省二市，2015年，其土地面积为205万平方千米，占全国国土总面积的21.3%；人口为5.9亿，占全国的43.7%；国内生产总值为30.53万亿元，占全国的45.12%，是横跨我国东中西三大不同类型区的巨型经济带，也是世界上人口最多、产业规模最大、城市体系最为完整的流域，在中国发展中发挥着十分重要的作用。

协同发展（Coordinated Development）是指协调两个及两个以上的不同资源、个体，相互协作围绕某一具体目标，达到共同发展的过程。协同发展论与达尔文进化论不同，强调竞争不以优胜劣汰、置对方于死地为目的，而是通过发挥双方各自特长，通过制度、体制、科技、教育、文化的创新，实现双方的共同发展和社会共同繁荣。协同发展的理论根基为协同学。而协同学（Synergeics）由德国斯图加特大学教授、著名物理学家赫尔曼·哈肯（Harmann Haken）于1971年首次提出，并在1976年发表的《协同学导论》著作中进行了系统论述，它是一门跨越自然科学和社会科学的新兴交叉学科，是研究系统内部各子系统之间通过相互合作共享业务行为和特定资源，而产生新的空间结构、时间结构、功能结构的自组织过程和规律的科学。1990年以来，随着冷战的结束、经济全球化的发展，协同学逐渐被引入到地理学、经济学、管理学、社会学等学科领域，并得到了进一步发展和应用。

放眼全球，受经济全球化不断深化的影响，协同发展论已经成为当今世界许多国家和地区实现社会可持续发展的理论基础，欧盟已将协同发展作为推进欧洲一体化的指导思想与原则，并据此制定了一系列涉及世界城市群建设、创新网络、经济互动、社会共享等领域的纲领和政策措施，并取得了显著成效。回眸域内，长江经济带建设是我国新时期与“一带一路”、京津冀协同发展并列的三大国家发展战略之一。2013年7月21日，习近平总书记在湖北考察时指出，“长江流域要加强合作，发挥内河航运作用，把全流域打造成黄金水道”；2014年3月5日，李克强在《2014政府工作报告》中首次提出“要依托黄金水道，建设长江经济带”；2014年9月25日，国务院发布了《关于依托黄金水道推动长江经济带发展的指导意见》（国发〔2014〕39号），明确了长江经济带的地域范围、奋斗目标和发展战略；2016年3月18日发布的《中华人民共和国国民经济和社会发展第十三个五年规划纲要》指出，推进长江经济带发展，建设沿江绿色生态廊道，构建高质量综合立体交通走廊，优化沿江城镇和产业布局，坚持生态优先、绿色发展的战略定位，把修复长江生态环境放在首要位置，推动长江上中下游协同发展、东中西部互动合作，建设成为我国生态文明建设的先行示范带、创新驱动带、协调发展带。

展望未来，长江经济带在我国国民经济带发展中肩负着重要的历史使命，必须在践行创新、协调、绿色、开放、共享的发展理念、在协同发展、科技创新等方面率先垂范。有鉴于此，依托教育部人文社科重点研究基地“华东师范大学中国现代城市研究中心”、上海市哲社重点研究基地“华东师范大学长三角一体化研究中心”、上海市人民政府决策咨询研究基地曾刚工作室、华东师范大学城市发展研究院，在教育部中国特色世界一流大学和一流学科建设计划、上海高等学校高峰学科和高原学科建设计划等的支持下，在笔者主持的长江经济带系列研究项目的基础上，编著、出版《长江经济带协同发展的过程、机理、管治》丛书，全面系统探讨长江经济带不同空间层级、不同专题领域的协同发展、创新发展问题，以期为长江经济带科学规划、健康发展提供理论和应用参考。

在丛书的编写和出版过程中，上海市人民政府发展研究中心、华东师范大学长江经济支撑带协同创新中心、中国长江经济带研究会（筹）等单位、组织的领导和工作人员给予了大力支持，中国财政经济出版社王长廷副总编辑等为本书顺利出版付出了大量心血，特此致谢！

需要特别说明的是，长江经济带协同发展是一个重大而复杂的理论与应用命题，迫切需要社会各界协同探索。受多方面条件所限，本套丛书谬误之处在所难免，恳请读者批评指正！

华东师范大学终身教授　曾刚

2016年5月于华东师大丽娃河畔

前　言

随着社会分工日益细化以及制造业高端化发展，工业设计业逐渐从早期制造企业的一个部门发展成为一个相对独立的高级生产性服务行业，属于创意产业范畴，处于产业价值链的高端环节，发展势头强劲。从上海发展来看，在“创新驱动、转型发展”国家战略的指导下，创新创意产业，特别是工业设计业已经成为城市发展的新源泉，成为推动“上海制造”向“上海创造”转变的重要动力之一。然而，上海工业设计业起步晚、规模小，小微企业占比高，在融资、资源获取等方面存在不少问题，难以独立开展大型技术创新，迫切需要通过与其他主体构建多维合作网络，借助技术溢出和知识共享效应，推动上海工业设计业“做大做强”。

本书综合运用产业集群理论、合作网络理论、知识溢出理论，以教育部人文社科基金项目“网络权力与企业空间行为、企业创新”(08JA790044)以及上海市文创基金项目“上海企业设计创新能力调研”为支撑，对上海市工业设计企业、上海市工业设计协会、上海市众多创意园区以及相关专家进行系列访谈和实地考察，获取了丰富的一手资料，对上海工业设计企业合作网络的特征、影响因子、网络结构以及合作网络与企业创新能力之间的影响进行了系统研究。笔者发现：

第一，上海工业设计业是我国工业设计业的引领者，但与德国、日本等发达国家相比，仍处于初级发展阶段。笔者开展的调查问卷和访谈信息显示，从技术水平来看，上海工业设计业主要是以模仿设计为主，自主创新非常不足。上海工业设计业发展水平的初级性，也决定了其合作网络的初级性。

第二，上海工业设计业呈现空间集聚态势，主要集中分布于内城区域。从发展演变过程来看，尽管内城区域的设计企业集聚趋势仍在进一步发展，但集聚区呈现由内城"单中心"向内城"中心"与浦东新区"中心"的"双中心"演变的态势，郊区新城地位上升。从微观空间尺度上看，上海工业设计企业具有向创意园区集聚的偏好。

第三，纵向联系在上海工业设计企业合作网络中占据主导地位。作为工业设计企业的主要客户，制造企业提供了重要的订单和资金支持。设计企业是以契约形式接受制造企业的设计委托，供求双方所结成的商业关系成为企业纵向合作网络的主体。在企业网络中，科研院校以及行业协会主要扮演知识源、信息源的角色，处于工业设计产业链的前端，借助知识传播、联合开发、人才互动等形式推动合作网络的发展，这种知识、人才联系在企业纵向合作网络中发挥次要作用。从企业横向合作网络来看，同行企业之间的联系发挥着主体作用。这种横向联系的基础是设计师之间的私交，动力是降低成本、互相学习与获取隐性知识，方式则包括合同分包的正式交流，以及研讨会、交流会等非正式交流。工业设计业与金融机构、其他中介组织、政府等辅助部门联系较少。

第四，不同空间尺度的网络关系频度、广度以及驱动力不同。从园区尺度看，受园区空间狭小、建园时间不长、配套条件尚待完善等因素的综合影响，园区内网络联系很少。从园区内部网络联系的方式看，工业设计企业与同行企业的非正式交流相对较多，横向联系占主导地位，企业员工之间通过互相观察、参与园区集体活动等形式获取隐性知识。而由于园区空间有限，又多处于老城区，与位于市郊的制造企业客户相距较远，企业与客户之间的纵向联系无法在园区内发生。这就是说，市中心创意园区的区位优势主要体现在基于邻近性的知识溢出、公共福利、创意氛围、品牌价值等方面。

从城市尺度看，设计企业与客户企业、科研院校、同行企业、行业协会、地方政府、金融机构联系相对密切。上海发达的制造业（市场需求）、较为先进的工业设计教育（智力源泉）、起步相对较早的本土设计企业以及入驻的外资设计企业（环境氛围）的综合优势十分明显，纵向、横向联系较为活跃，城市成为上海工业设计业合作网络联系的最重要的空间单元。

从国家尺度看，上海工业设计企业的外省市合作伙伴主要是江浙两省的制造型企业，且以基于产业链的纵向合作为主，地理邻近在合作网络建设中发挥了重要作用。

从全球尺度看，上海工业设计企业的国外联系不多，主要是跟踪模仿国外同行企业开展设计，联系方式主要是互访、参加专题研讨会、展览会等，网络联系以横向为主。

第五，上海工业设计业创意设计能力与企业网络的关系广度高度相关，而与关系频度无关。本书完成的实证调研结果显示，在园区、城市、全球尺度上，企业创意设计能力与客户、同行、科研院校的联系广度成正相关。但在国家尺度上二者的相关性不明显。在园区、城市、国家、全球等四个空间尺度上，企业创意设计能力与合作网络关系频度均不相关。

在本书的撰写过程中，华东师范大学、华东理工大学、同济大学、南京师范大学、中国美术学院、上海设计学院、上海工业设计协会等单位的领导和专家给予了指导和帮助，在此一并致谢。不足之处，敬请批评指正！

方田红

2017年7月17日

目　　录

第一章

工业设计业兴起的时代背景

当今世界，劳动的社会分工越来越精细，企业或个人都需要与组织内外进行信息、产品、服务与资本交流。一些个体、集体以及他们所维护关系的多样性与复杂性构成了各种网络关系。工业设计业与制造业相伴而生，早期隶属于制造企业。工业设计业的诞生恰好又是社会分工日益细化以及制造业逐渐高端化发展的产物。可以说，工业设计业与制造业有着天然的联系，是高级生产性服务业，同时又属创意产业范畴，高度依赖于各种社会网络、隐性知识。本书重点研究工业设计业在发展过程中与外界各企业、机构所结成的合作网络，探讨其网络特征以及网络影响。

一、创意产业集群化、网络化发展趋势

20世纪90年代以来，西方发达城市褪去了工业中心形象，而成为金融业、服务业、国际贸易中心。大城市内城留下大量工业遗产，90年代以来创意产业迅速兴起与集聚，使得此类内城空间得以复兴，并形成创意产业集聚区，如曼彻斯特老工业带卡斯菲尔德（Castlefields）和内城“北区”（North Quarter）、美国纽约“苏荷”（SOHO）、伦敦南岸艺术区、洛杉矶酿酒厂艺术村（The Brewery）、东京立川公共艺术区、伦敦克勒肯维尔（Clerkenwell）、美国鱼雷工厂艺术中心（Torpedo Factory Art Center）等创意产业集聚区。除了老牌工业城市外，一些阳光地带适宜人居的城市如洛杉矶、西雅图、悉尼、温哥华、巴塞罗那、法国地中海沿岸地带，另一些像巴黎、米兰、东京这些历史悠久的大都市，创意产业发展都非常迅速，形成特色的创意产业集聚区。

近十几年来，我国创意产业集群发展也非常迅速，在北京、上海、深圳等地出现众多创意产业集群，如北京“798”、北京南锣鼓巷、上海8号桥、上海M50、上海田子坊等。这些集群化的创意产业空间形态与传统的工商企业的集聚有别，多是集聚在大城市的内城区域、利用废弃的并有着浓厚历史底蕴的产业空间，是一种典型的创新组织和知识组织构成的簇群。

二、工业设计业的兴起与集聚发展

工业设计虽有别于技术革命、管理创新，但同样在全球现代经济体系中发挥着巨大作用，深刻地影响着当代工业乃至经济、文化、社会的发展。它不仅标志着一个国家、地区的经济发展水平，也展示着一个国家、地区的文化视野和价值趋向。工业设计在缩短新产品开发周期、增强产品的创新性、提高产品的美观性、舒适性、满足人们越来越高的心理消费需求、赋予产品更高的附加值等方面发挥着积极作用，有利于消费者实现对生活方式和个性品位的追求，能够提升品牌形象，增强产品的市场适应力，应对多变、多样的市场需求（如图1.1所示）。工业发达国家早将工业设计业技术作为提高产业竞争力和增强综合国力的根本保证。

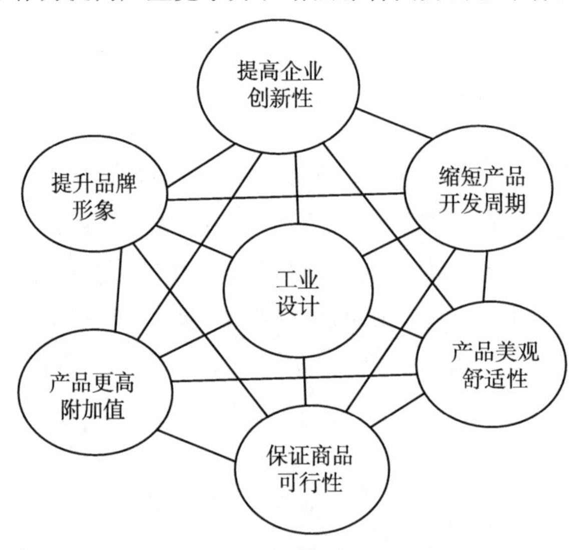

图1.1　工业设计对工业生产的促进作用

资料来源：高原（2007）。

德国早在20世纪初就开始重视工业设计，为德国高端制造业的发展提供了基石。英国在80年代，撒切尔夫人提出“忘记设计的重要性，英国工业将永不具备竞争力”。日本更是实施“设计立业”战略，从政府扶植、政府引导，到企业集团重点抓设计和新产品开发，投入在设计开发上的资金占国民生产总值的2.8%，居世界首位。由于设计上的优势，“轻、薄、小、巧、美”的日本商品风靡全球。韩国政府在1993~1997年，全面实施了工业设计振兴计划，并于1998年提出“设计韩国”战略，经过多年的实施，本土设计师和设计公司呈现爆炸式的增长。目前，设计和创新在韩国已经开花结果，拥有三星、LG等全球著名品牌，韩国也从制造国家向设计创新国家成功转型。新加坡在其产业计划中提出一个“设计新加坡”子计划，要将新加坡建成一个在产品、概念和服务设计方面的全球文化和商业中心，工业与产品设计公司的增长速度更高达34%。

改革开放以来，中国制造业实现了引进模式下的快速增长，几乎所有现代工业技术的传播推广都是通过蓝图或机械、设备、工具、产品的进口仿制及大批制造完成的。由于自主创新能力提高缓慢，我国制造业长期被锁定在价值链低端。近年来的金融危机使得我国依靠廉价劳动力的制造业发展举步维艰，制造业的转型升级势在必行。设计虽不是革命性的技术创新，但所带来的改良性创新却能重塑市场和产业边界，使企业获得实实在在的附加值和竞争力。正如欧洲工商管理学院的莫博涅教授提出的“蓝海战略”——企业应把视线从供方转向需方，从关注和比超竞争对手转向为买方提供新的价值元素。创意产业是金融危机背景下开辟新“蓝海”的价值产业，在基本技术同构、产品同质的背景下，作为一种价值创新要素投入，创意产业将帮助企业实现产品的差异化。在我国，促成创意产业与制造业的无缝对接，不仅是国家实施自主创新战略的重要组成部分，也是后危机时代国际代工型经济转型升级的关键所在。

我国“十一五”规划明确提出“鼓励发展专业化的工业设计”的观念。2014年2月国务院颁发《关于推进文化创意和设计服务与相关产业融合发展的若干意见》（以下简称《意见》），《意见》进一步凸显了国家对创意设计业的重视，并明确提出要推动创意和设计优势企业根据产业联系，实施跨地区、跨行业、跨所有制业务合作，打造跨界融合的产业集团和产业联盟。国内很多城市逐渐重视工业设计业的发展，如北京提出“创意设计产业塑造活力北京”，深圳提出“建设中国设计之都”，无锡提出“创立亚洲设计中心”，天津、广州、成都、宁波等地也在积极推动工业设计产业的发展，着手建立一批具有开创意义的工业设计产业园区，并取得了明显成效。2010 年 2 月 10 日，联合国教科文组织颁发给上海“设计之都”称号。截至 2011 年年底，上海正式挂牌的市级创意产业园区有 82 家，到 2015 年年底，文化创意产业增加值占全市生产总值比重达到 12.1%。创新和创意越来越成为上海这座城市发展的重要动力源泉，是实现“上海制造”向“上海创造”转变的重要动力。因此，本书以上海工业设计业为例进行研究，具一定的典型性和现实意义。

此外，近些年来，随着我国对创意产业发展的重视，学者们对创意产业的研究也逐渐重视起来，但由于创意产业包含的行业太多，不同的行业差异性很大，笼统地对其进行研究，得出的结论有时并不合理。工业设计业作为创意产业的重要组成部分之一，鲜有学者对其进行深入研究。笔者按照篇名为“工业设计业”在中国知网（www.cnki.net）上的全部文献进行搜索（截至 2013 年 4 月 8 日），所得文献大部分来自报纸，更多的是从如何发展工业设计行业角度出发来分析问题。从学术角度去研究工业设计业的文章寥寥，从经济地理学角度来研究工业设计业的文章仅限朱华晟的两篇文章，一篇是 2010 年发表于《地理学报》上的“发达地区创意产业网络的驱动机理与创新影响——以上海创意设计业为例”，探讨了创意产业网络的驱动机理以及网络关系对企业创新的影响，认为基于投资产出关系的产业链分工协作仍然是网络驱动的重要逻辑，上下游企业协作有利于集体学习，从影响方式来看，关系内容远比关系强度更重要。“客户”和“高校”是地方网络的重要驱动主体。另一篇是 2011 年发表于《经济地理》上的“基于公私合作视角的城市创意产业公共治理——以北京工业设计业为例”，文中认为，在中国，地方政府联合企业及其他组织，推动工业设计业迅速成长。地方政府在创意产业公共治理中处于主导地位，其他组织的话语权较少，政府派出机构充当行政职能部门、行业中间组织、企业等多种角色，成为政府与其外部网络的连接点。

第二章

创意产业网络基本概念

第一节

创意产业与网络

一、创意产业概念

不同学科、部门、机构对创意产业的定义都做过论述，至今没有形成统一的概念。英国政府首先提出“创意产业”的概念，从行业角度对“创意产业”进行了界定。而凯夫斯从文化经济学角度、霍金斯从知识产权角度都对“创意产业”进行了阐述。本书不对“创意产业”定义做过多的辨析。本书认为创意产业的核心部门包括：广告业、建筑业、艺术和古董、工艺品、设计、时装设计；影像、电影业、音乐和摄影；视觉表演艺术和音乐；出版业；电脑游戏；软件和电子出版；广播和电视（Pratt，1997；Kloosterman，2004）。本书所研究的“工业设计业”属于创意产业范畴。创意产业中，工业设计被称为“创造之神”“富国之源”。在我国当前的创意产业中，工业设计业是最具潜力的领域之一，同时也是最需迫切发展和支持的设计产业。

二、创意产业网络研究

1. 创意产业网络的客观存在

Caves（2003）认为创意产业追求创新、独一无二，受编码化知识与产业标准的影响较小，创意产业的生产高度依赖多个主体的相互合作。Scott（2004）认为在一些大城市，存在创意产业合作网络。厉无畏（2006）认为创意产业是知识密集型产业，创意行为更多地依赖隐性知识，需要融合多种资源，比普通制造企业更依赖于产业网络、合作网络。Yusuf（尤素夫）和 Nabeshima（边岛）（2005）在分析日本机器人和动漫产业，韩国娱乐、电影、游戏业，中国北京中关村的 IT 产业等基础上，分析创意产业内部行业之间的联系程度、网络关系及其网络组织。国内外的实践也表明：创意产业的发展从一开始就有显著的集群化趋势，它是集体的互动和企业的地理集聚而非个人和单个企业的行为。

2. 创意产业网络构成

Pratt（2004）从创意产业区形成和发展条件与辅助机构来探讨创意产业区构成的生产网络，并由此构成创意产业区发展的辅助机构，为其形成和发展提供支持和配套设施，如教育和培训、专门商业服务、零售业、观众、研究机构等。

Scott（2005）认为，在新的经济条件下，生产者倾向于频繁地改变其流程和产品设计，专业化和互补性企业组成的密集网络正好能为单个生产单位提供以其自己的方式运行的弹性。大企业是这种网络的主导，而大量中小企业通常是相互依赖的地方化生产者网络的主体，并以好莱坞动画产业予以佐证。Scott 把产业综合体内促进学习和创新效应的结构称为“创意场域（creative field）”，他认为创意场域一般由基础设施和地方学校、大学、研究机构、设计中心等社会间接资本组成，是任何生产和工作的集聚结构中的文化、惯例和制度的一种表达。

Landry（2000）提出创意情境（creative milieu）的概念，认为创意情境是由“软”“硬”设施构成的特定的环境。这里的“硬”设施包括研究机构、教育设施、文化设施、会议场所以及提供类似交通等的各种服务。“软”

设施是一种激发和鼓励个体与组织机构进行思想流的系统，这个系统是由协会组织、社会网络、人际交往等构成，包括俱乐部、正规会议、非正式协会、行业俱乐部或金融部门、风险投资部门等。Landry 认为创意情境是创意城市网络能力的核心所在，城市网络能力要求具备高度信任的、负有责任的和强大的、以契约或非契约形式讲究原则的灵活的组织运作。

Scott 和 Landry 的理论有一定的相似性，可以理解为：建立一种激励创意活动的、灵活的、有形或无形的网络，对于创意产业的发展有十分重要的作用。

3. 创意产业结网的驱动机制

创意产业之所以集聚、结网发展，主要在于创意主体对外部经济效益的追求、对网络创新的分享以及对交易费用的节约，企业和个人可以通过集聚共享基础设施、知识外溢和网络创新资源所带来的好处，从而实现专业化分工协作、生产成本降低和学习能力提高。

4. 创意产业网络本地化研究

Bassett（2002）对布里斯托电影业创意集群内部企业进行了研究，描述了地理邻近对交易和非交易关系的影响，大公司、独立公司和小公司之间的关系、本地内容供应商和全球发行商之间的关联，集群内部的分工与协作、产品发行网络的变化。

Scott（1997）、Pratt（2000）和 Johns（2005）强调创意产业地方（place）与空间（space）的重要性，因为地方性、文化与经济具有共生关系。随后的一些文献认为地理邻近、城市文化和本地蜂鸣（local buzz）对创意产业是非常重要的，可能将创意产业的空间组织与其他产业区分开来。Bathelt（2004）结合莱比锡多媒体案例研究，探讨了媒体产业集群的停滞或衰退现象，认为这种现象的出现与该集群缺乏密集的本地关联性有关。

Fritsch 和 Schwirte 对德国三个地区工科大学、研究机构与工业企业的物理距离与企业创意设计能力的关系进行了研究，结论表明：大学和研究机构与企业在地区距离内邻近，则会促进企业早期的创新。Diez 的研究认为，创意企业与供应商、竞争对手、服务业机构、研究机构位于同一个区域内就可以促进创新，其研究的区域尺度是西班牙巴塞罗那地区和加泰罗尼亚地区。Cooke 指出因为空间邻近性能降低交流的成本，更易于建立合作关系及信任，更易传播隐性知识，由于统计数据的限制，他研究的集群所覆盖的空间多为一个都市区范围或较大的行政区域。

5. 创意产业网络全球化研究

Nachum（2006）关注到全球化时代，跨国公司与本土集群的相互关系，正是跨国公司把本土集群引入全球网络关系。Bathelt（2004）认为创意产业集群要想持续发展，除了重视 Local Buzz（区域信息浑浊场——集群内部交流），还要重视 Global Pipeline（全球通道——集群与外部交流），提出了著名的 Local buzz—Global pipeline 的模型（见图 2.1）。该模型对地方生产网络如何摆脱路径锁定、获取有价值的新异知识和促进地方集群知识学习创新以及全球与地方的联结通道等进行有力的解释。Bathelt，Malmberg 和 Maskell（2004）认为本地知识溢出必须同时依赖于全球范围的知识获取与本地知识的有效溢出才能实现本地知识与全球知识的有效互动。

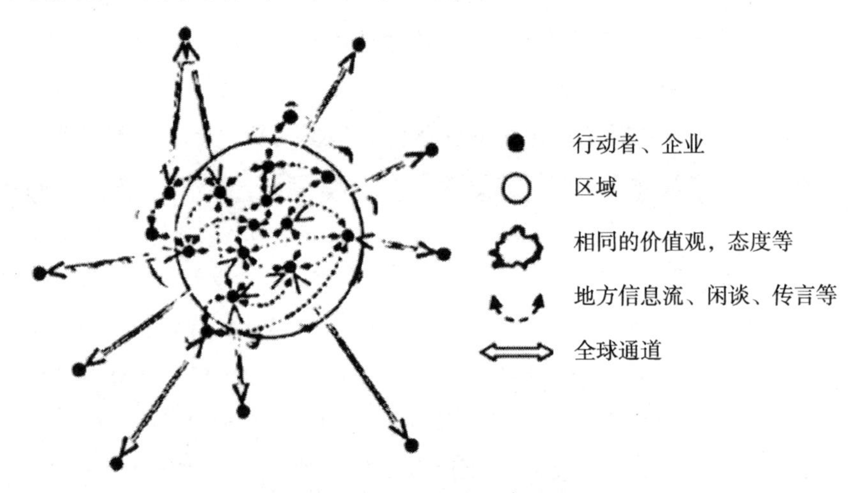

图 2.1 “地方传言—全球通道”模型

资料来源：Bathelt H. 等（2004）。

6. 创意企业合作网络模式

Scott（2000）认为以项目为基础的企业联盟及其他网络关系，便于捕获灵感、增强创意能力，而且跨越产业边界的网络关系更便于企业获得创意资源。

Grabher（2002）发现并强调创意集群的生产活动趋向于围绕项目而展开，地理集聚有利于文化经济的合同、项目组和项目网络的工作模式。

学者们通过对一些创意行业进行研究发现，电影业（Mezias and Mezias，2000）、广告业（Grabher，2001）以及图书出版业（Heebels and Boschma，2011）都是项目导向的生产系统，关系到多个创意企业。这些企业的成功取决于他们是否嵌入到企业网络、社区以及场景（Grabher，2001）。在每个项目中，企业间进行功能分工，涉及的企业不断地进行更新、交换意见、商议决策。通过项目合作生产出来的产品是独一无二的：每个产品都或多或少的具有自己的风格。在创意企业中，跨企业合作不仅是信息流通的管道，也是企业声誉和地位的体现（Currid，2007；Heebels and Boschma，2011）。声誉与地位对文化产品来讲是非常重要的，与一些高层次的合作伙伴进行合作可以使企业捕捉到更大的市场需求。

李蕾蕾（2008）在总结了国内外关于文化与创意产业集群研究系谱的同时，指出研究不足，她认为未来关于文化与创意产业集群的研究应该重点从关注公司转向关注由创意阶层组成的项目过程及其职业制度的分析，应以创意项目为分析单元，关注以团队创作和生产为特点的项目生态学经验研究。应将创意集群当作是由艺术家和创意阶层、文化艺术公司、项目生产、社会网络、创意环境、知识、信息和创新机制等融合一体，占据一地的复杂生态系统。

国内学者（钱紫华等，2006；刘强，2007；王缉慈等，2008；张纯等，2008）通过一些研究证实创意产业网络的客观存在，尤其在电影与动漫制作领域，现代数字媒体技术大量运用、内容制作过程日益分工细化、导致产业链条不断延长、并由此形成以少数巨头公司领航、网罗众多中小企业、跨越众多地方集群的全球分工体系。

王缉慈及其研究团队从2005年以来对国内创意产业的发展给予了较多的关注。陈倩倩、王缉慈（2005）以音乐产业为典型，通过对英国文化小区、瑞典音乐产业集群等的案例研究，认为创意产业集群内企业和个人的地理邻近性、企业间合作网络能够为创意阶层提供良好的信息交流平台，加大创新的机会和频率，集群内创意阶层共同营造的文化氛围是创意活动得以持续的关键。政府也要尽力为城市文化内容产业提供无障碍的发展条件。张纯、王敬甯、王缉慈等（2008）通过研究北京南锣鼓巷，认为一个地方创意产业发展的关键在于地方特质，能否吸引具有创意潜质的人才，将其有机地组织并提升集体创造力，进而促进创意活动更密集地发生是一个地方创意产业发展的关键。王缉慈（2009）通过研究电影产业集群得出结论：影视产业出现了大规模的离岸外包现象，主要表现为影视后期制作环节向低成本地区和国家转移。在电影产业离岸外包和全球价值链背景下，各类电影产品的生产都是在跨国、跨企业的生产组织体系里进行的。每个产品的生产过程往往被分解为不同的阶段，各阶段由各地不同规模的企业、机构，甚至由独立的个人工作室来组织完成。这种全球分散的生产片断化的过程又经常以产业集群的方式形成本地化的空间集聚和产业联系，以获取集聚经济和知识外溢（正的经济外部性和技术外部性）。王敬甯、马铭波、王缉慈（2011）通过对台湾乐器制造业的研究，认为仍处于全球价值链的低端环节的产业集聚区初期需要政府进行积极的干预，协助地方创造竞争优势，特别是在技术上对企业进行切实的指导，以利关键技术的研究和开发，实现产业升级和结构调整。马铭波、王缉慈（2012）从知识深度的视角，结合国内钢琴制造业案例研究，认为我国钢琴制造业尚处于工业品制造阶段，既缺乏制造技术本身的积累，更缺失对工艺技能、音乐和文化等各种知识的积累以及与制造技术的融合。并提出需要持续增加各个企业的知识深度，并促进各相关企业之间知识深度的互动转化，实现从低端工业品制造向文化艺术品制造的升级。马铭波、王缉慈（2012）从知识流动来看，现阶段国内制造业存在两个问题：第一，行为主体如制造商与配套商、专业院校之间的知识流动通道尚未真正建立；第二，虽然已有知识流动，但由于各行为主体的知识深度都不高，导致知识互动转化不足。知识流动不是自发的，地理邻近或表面上相关的行为主体之间不必然产生知识流动。并以国内乐器制造业为例，认为在国内，地方政府是建立知识流动通道的关键，政府应主动和其他行为主体互动，并成为其他行为主体之间知识流动的桥梁或“二传手”。如果缺乏行为主体之间的知识流动或者知识深度互动转化程度非常低，那么无论是所谓产业集群还是各种园区，都只能是宏观上的一个空的骨架，是“虚假”的知识网络。只有建立微观上的行为主体之间的知识流动，实现知识的“血液循环”，才能形成真正的知识网络。

周尚意（2011）以北京 DRC（Design Resource Corporation）作为研究对象，对 DCR 园区内所有工业设计企业之间的横向关系进行了探讨，园区内约有 1/3 的企业与其他企业没有任何联系，园区内的企业网络很不发达。

由于DCR空间有限，园区内的企业异质性较少，因此也缺少激发创新灵感的“弱联系”；位于企业网络中较好位置的企业其创新能力也较强。此文仅仅是研究了设计业园区内企业之间横向关系，园区内的企业与其他相关机构之间的关系以及园区内企业产业链关联关系均没在考虑之列。

近些年来，学者们对创意产业产生了浓厚的兴趣，但研究的重点主要是讨论创意产业集聚与集群的整体效益，至于集群内部各主体的相互链接并没有给予过多关注。工业设计业是创意产业的重要组成部分，对知识、创意、创新有着更高的要求。工业设计业又与工业生产密不可分，是生产性服务业的组成部分。创意行为更多地依赖隐性知识，需要融合多种资源，需要依赖合作网络、创新网络。这就使得工业设计业的企业网络有可能既有别于一般的纯艺术类的创意产业，也有别于制造业。由以上文献综述可知，目前鲜有学者对工业设计业网络特征进行研究。

学者通过实例证实了创意产业有集聚倾向，同时也认为集聚会带来集聚效益，集群内的企业和个人因地理邻近性、教育背景和工作经验接近，容易形成有利于创新的文化氛围，可以跨越组织边界形成技术社区（Bresch et al.，2009）。特别是在一些专业的产业集群中，其企业网络的本地化特征更加明显（Grabher et al.，2006）。但也有学者发现有些集群内的企业本地联系缺乏，没有结成有利于创新的地方网络，这样的集群会走向衰亡。知识的流动是合作网络的根本所在，但知识流动不是自发的，地理邻近并不必然带来知识的流动，合作网络主体间没有知识流动，也就没有所谓的合作网络的存在。

目前，我国创意园区不断涌现，学者们较少关注这种集聚化发展是否带来理想中的集群效益，园区企业的合作网络是否具有地理邻近性特征。即使有关注的，也都是采用文献综述法和一般观察法，缺乏科学的研究方法，也缺乏对创意公司、文化项目或艺术家及其工作室进行规模性的一手访谈调研，缺乏对创意企业网络进行定量分析。

第二节

工业设计业

工业设计与技术一样，是驱动企业发展的重要力量。Sharon Zukin

(2013) 和 Allen Scott (1997) 等认识到产品的观念价值变得跟实用价值一样重要，生产出来的产品必须能代表企业的形象并且要越来越与消费者个人的生活风格相匹配。这种趋势导致专门创造观念价值的经济部门快速增长，即创意设计产业得到快速发展。Verganti (2003) 发现，一些成功的企业，如美国苹果公司、意大利阿莱西公司，都是设计密集型企业，这些企业非常注重产品所表达的语义，即“产品传递的信息及其设计语言的新颖性超过产品功能和技术新颖性的创新”。陈国栋 (2012) 按照企业对设计的认可度，将企业分为三类，分别是设计主导型企业、技术与创新耦合型企业和设计辅助型企业，通过案例分析发现，技术与设计耦合型企业是最具生命力和发展前途的企业。

一、工业设计概念

设计 (design) 一词是从拉丁语 designare 演变而来，是“画上记号”的意思，相当于“制图”“计划”等意思。1986 年版的《大不列颠百科词典》给出解释：“设计是指立体、色彩、结构、轮廓等诸艺术作品中的线条、形状，在比例、动态和审美等方面的协调”。第一次工业革命后，伴随着工业的迅速发展，从设计中剥离出一个新方向——工业设计。“工业设计”概念纷繁多样，当前世界各国认可度最高的是国际工业设计协会联合会 (ICSID, 2006) 的定义：设计是一种创造性的活动，其目的是为物品、过程、服务以及它们在整个生命周期中构成的系统建立起多方面的品质。因此，设计既是创新技术人性化的重要因素，也是经济文化交流的关键因素。设计的任务是发现和评估项目在结构、组织、功能、形式和经济上的关系；增强全球可持续性发展和环境保护；给社会、集体和个人带来利益和自由；兼顾最终用户、制造者和市场经营者；支持世界全球化背景下文化的多样性；赋予产品、服务和系统以表现性的形式使之与它们的内涵相协调。

2010 年 7 月 22 日，我国工信部联合 11 部委印发了《关于促进工业设计发展的若干指导意见》，给出“工业设计”的定义：工业设计是以工业产品为主要对象，综合运用科技成果和工学、美学、心理学、经济学等知识，对产品的功能、结构、形态及包装等进行整合优化的集成创新的活动。工业设计的核心是产品设计，广泛应用于轻工、纺织、机械、电子信息等行业，其发展水平是工业竞争力的重要标志之一。

工业设计业作为设计产业的一个具体分支，在英国标准产业分类（SIC2003）、欧盟经济活动统计分类体系（NACE）与国际标准产业分类体系（ISIC）都单列出来。而我国目前设计产业还分散在各个行业，没有一个明确的产业统计分类。很多设计活动受多头管理，国家发改委、国家科技部、国家商务部与文化部都对工业设计、环境设计有管理权限，而时装设计、品牌识别、图册设计等又没有固定的管理部门。工业设计概念的界定如表 2.1 所示。

表 2.1　　工业设计概念的界定

学者、机构	功能	设计为产品添加了一个维度
Walsh et al.	功能	设计是原料、部件和其他成分的组合，从而为产品的绩效、外观、方便实用和制造方法提供了特殊的贡献
Freeman, cited in Walsh	创新	设计是创新得以实现的重要因素，因为设计不仅产生创意，并且能将技术的可能性与市场机会相结合
Bernsen	功能	一个优秀的产品要有预期的质量、特定的有知识的用户、与之相适应的可见的沟通渠道、能够销售的环境等，而这些都是设计创造的
Design Council	创新	设计就是将一个创意转化为一个有价值的产品蓝图的活动，无论这个产品是汽车、建筑、图册还是一种服务或流程
弗拉斯卡蒂手册	创新	创新进程的重要部分。包括设计、绘制工艺流程、技术特性、必要的概念操作特征、新产品、新工艺的开发、制造与市场；它可以是产品或工艺的最初概念，如研究与实验开发，也可以与工具安装、工业工程、制造和市场紧密相连
Bruse Tether	用户需求、产品特性	工业设计最初是提高大量产品的美学和风格使产品更具吸引力。然而，目前大部分工业设计师正在寻求超越美学和风格因素来开发适应用户需求以及生产程序的新产品

续表

学者、机构	功能	设计为产品添加了一个维度
1980 年国际工业设计协会	功能	就批量生产的产品而言，凭借训练、技术知识、经验及视觉感受，赋予产品的材料、结构、形态、色彩、表面加工及装饰一新的品质和规格，并解决宣传展示，市场开发等方面的问题，称为工业设计。设计包括市场需求、市场概念、产品的造型设计、工程的结构设计、快速模型模具的制造、小批量的生产直到批量化上市，以及形象品牌的策划等领域
2006 年国际工业设计协会	功能	设计是一种创造性活动，其目的是为物品、过程、服务以及它们在整个产品生命周期中构成的系统建立多方面的品质。设计既是创造技术人性化的重要因素，也是经济文化交流的关键因素

资料来源：DTI Economics Paper No. 15 “Creativity, Design and Business Performance”。

二、工业设计业概念

工业设计范畴从不同的维度可以有不同的分类，但总体都可以分为广义和狭义两个角度（见表 2.2）。本书采用我国工信部（2010）以及工业设计中心的定义，将工业设计业界定为：主要从事以工业产品为主要对象，综合运用科技成果和工学、美学、心理学、经济学等知识，对产品的功能、结构、形态及包装等进行整合优化、集成创新业务的行业。主要业务包括产品造型设计、视觉传递设计（如企业识别系统、企业界面设计等）等，从事这些业务的企业将成为本书调研的对象。

表 2.2　　工业设计范畴

维度	广义、狭义	具体内涵
产业链维度	广义	既包括对产品本身的外观、功能与结构设计，也包括产品包装设计、展示设计、内部环境设计以及品牌设计，并包括为实现这些设计而采用的不同方法，从理念、产品框架到构建模型，以及为设计开发的计算机程序等
	狭义	以有形产品为载体，主要对工业产品本身的功能、外观设计以及实现这些要求的工艺设计，即通常所说的产品设计，主要包括：交通工具设计、设备仪器设计、生活用品设计、家居设计、电子产品设计、家电设计、玩具设计、服装设计

续表

维度	广义、狭义	具体内涵
设计功能维度	广义	包括总体设计、工程设计和美学设计。总体设计主要负责协调产品与经济、社会、人文、环境的关系，提出产品的创意及开发的整体规划。工程设计主要负责选择技术，并协调产品内部各技术单元、产品与自然环境，产品技术与生产工艺间的关系
	狭义	仅指美学设计，负责协调产品与人之间的关系，实现产品人际功能和人文美学品质的要求，包括人际工程、外观造型设计等
学科设置的维度	广义	产品设计、环境艺术设计、视觉传递设计
	狭义	单指产品设计

资料来源：根据郭雯、张宏云（2010）整理.

三、工业设计业存在方式

按其存在的方式，工业设计业可分为制造业内部设计服务部门、工业设计咨询公司与工业设计师的个人工作室三类。

四、工业设计业研究

有关设计业的研究主要集中在讨论设计与制造业的关系。Carliss Baldwin，Christoph Hienerth 和 Eric von Hippel（2006）通过建立模型分析了从企业创新到产品走向经济市场的全过程，充分说明了创新设计在推动制造业发展中所起到的作用。You Zhao Liang，Ding Hau Huang 和 Wen Ko Chiou（2007）对中国产业和中国设计市场进行了分析，认为设计产业已经成为中国社会的热点问题。文章将中国大陆制造业与台湾制造业发展进行对比，分别评估了工业设计在两个地区制造业发展中所起的作用，并指出设计创新必须面向制造业需求。Yanxia Yang 和 Mayuresh Ektare（2009）认为，设计创新要有针对性，要“以用户为中心”。

国内设计产业的研究起步较晚，最初大部分研究主要是基于具体产品设计而进行的政策研究，如集成电路设计产业、服装设计产业等。还有少部分学者对一些国家和地区，上述具体设计产业进行了初步介绍，其研究重点主要是这些产业设计业务的具体描述与政策要求。国内学者汤重熹（2004）在研究广东产业集群中的中小企业时指出，工业设计的缺乏是中小企业发展中存在的一个大问题，必须要提高中小企业的设计创新能力才能促进制造业发展。贾锐、李世国、朱晋伟（2006）通过对南北工业设计进行调研，发现南方因制造业发达，其工业设计无论从深度还是广度都明显优于北方。工业设计业提高了制造业的盈利水平，也反过来促进了工业设计业的进一步发展，形成一种良性循环。吴琼（2008）认为技术创新和设计创新是改变我国制造业现状的两种途径，技术创新已被人们普遍认可，而设计创新往往被人们忽视，认为我国应该借鉴国外发达国家发展经验，重视工业设计，提高产品附加值，从而实现制造业的升级。杨育谋（2009）将工业设计视为制造业的“第二核心技术”，认为设计创新对制造业来讲是一种低成本的创新。中国制造业如果很好的发挥设计创新的作用，有可能在今后发展中由目前代工生产的产业链低端逐渐走向产品设计创新产业链的高端。叶蓁（2010）通过调查问卷分析，研究了影响中国出口企业生产率的因素，结果发现我国处于价值链低端的代工企业通过供应商导向实现技术升级（通过引进“关键技术”“关键部件”和“关键制造设备”）；但到价值链高端，影响企业生产率的因素变为研发设计、集聚效应和人力资本，这也充分说明研发设计是驱动价值链升级的重要因素。

目前有关工业设计业研究文献一方面认识到工业设计业是制造业升级发展的主要动力之一，另一方面认为工业设计业要以制造业需求为导向，要与制造业保持密切联系。研究主要在强调工业设计业的地位与作用，至于工业设计业内外网络关系，并没有学者予以关注。

第三节 企业网络

“企业网络”是由“网络”一词衍生而来。20 世纪 60 年代，当 Haggett 和 Chorley（1969）针对跨区域网络研究提出了一个综合性方法后，网络研究在地理学领域流行开来。当时，他们主要关注区域网络、基础设施网络和交通网络。社会和组织网络的广泛研究还是在最近 20 年才受到广泛关注。近 20 年里，在经济地理学领域，网络受到了超常的关注，主要集中在集群、全球城市、跨国生产系统和全球化等方面。

一、企业网络概念

Mitchell（1969）指出网络是在特定机构内由特定的人们所结成的特别的联系，这些联系可以作为一个整体来解释这些人的社会行为（见表 2.3）。网络可以是由网络成员自己有意识地建设成的组织实体，比如通过具体的会员资格组成一个网络；也可以是共同开发者的网络（Cantner and Graf，2006），如专利引证（Breschi and Lissoni，2009）；还有策略联盟（Owen-smith and Powell，2004）、企业间职位流动（Breschi and Lissoni，2009）、企业联合投资（Sorenson and Stuart，2001）、连锁性的董事会（Kono et al.，1998）或者咨询委员会（GLÜCKLER and RIES，2012）等形式的网络（见图 2.2）。

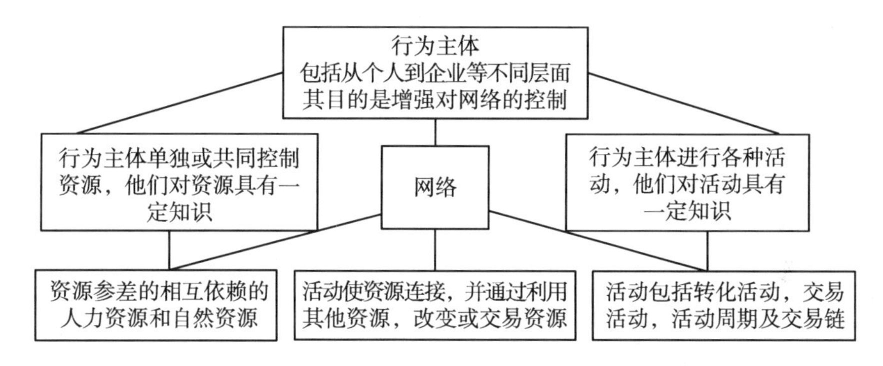

图 2.2　网络的基本形态

资料来源：Hankansson（1987）.

表 2.3　迈拉特等学者对网络的多维度定义

维度	定　义
经济维度	网络组织是超越市场与企业的一种“杂交组织形态”
历史维度	网络组织是各种行为者之间形成的“长期关系系统”
认知维度	网络是由旨在确定每个行为者的责任和义务的规则

资料来源：文嫮（2005）.

Hakansson（1987）认为，网络由行为主体、活动和资源等三个基本要素组成。

Henry Yeung（2000）认为，网络既是一种管制结构，也是通过各个行为主体和组织之间以特定的方式、为共同的利益而相互联系和协作的社会化过程。

迈拉特等学者从经济、历史、认知和规划等多维角度对网络进行了定义。

不同的学者提出不同的观点，但诸多概念都在强调以下两点：网络内成员存在明显的相互依存关系；网络成员的相互依存有利于提高网络所有个体的效率和其存在的价值。

本章认为企业的合作网络是一组自主独立且相互关联的企业及各类机构，以资源交换、共同开发新产品、共享信息为主要目的，通过正式或非正式联系建立起来的合作关系，是介于市场组织和层级组织之间的一种中间型组织。合作网络可以有不同形式，如企业内部合作网络、企业间网络、产业网络、研究开发网络、市场交易网络、区域网络、全球网络；还可以是一些社会中的网络关系，如家族网络、亲友网络以及其他非正式的网络关系。本章主要关注工业设计业的外部合作网络，即工业设计企业与其他企业、科研院校、政府部门、金融部门、中介机构等结成的网络关系（见图 2.3）。

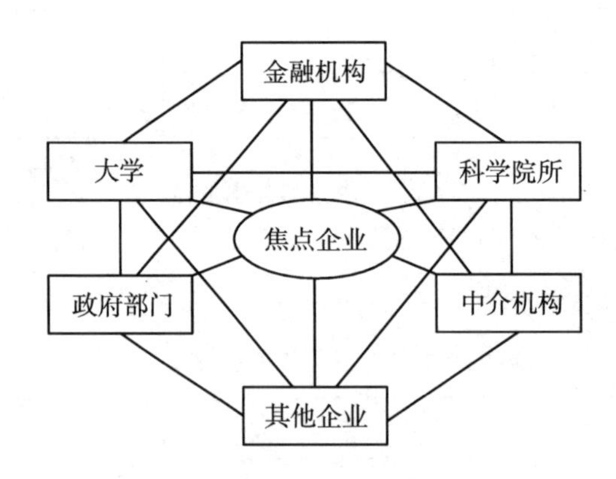

图 2.3 基于企业的产学研一体化合作网络示意

资料来源：陈学光（2007）.

二、企业网络特点

第一，节点多元性。企业网络包含多个节点，如企业、大学、科研机构、政府、市场中介组织、金融机构、服务机构等。

第二，联系广泛性。诸多节点之间基于信息交换、互相信任、某种情感或共同的价值观、兴趣等因素结成正式与非正式联系。

第三，相互依赖性。网络成员嵌入到所处的经济关系和社会关系之中。

第四，系统的开放性。网络中的节点和关系、网络的宽度和深度、网络沟通渠道中的流量大小等都是围绕特定的目标而不断变化的，网络的边界具有可渗透性和模糊性。企业网络在地域空间的边界不受国界或一国行政边界的限制（见图 2.4 和图 2.5）。

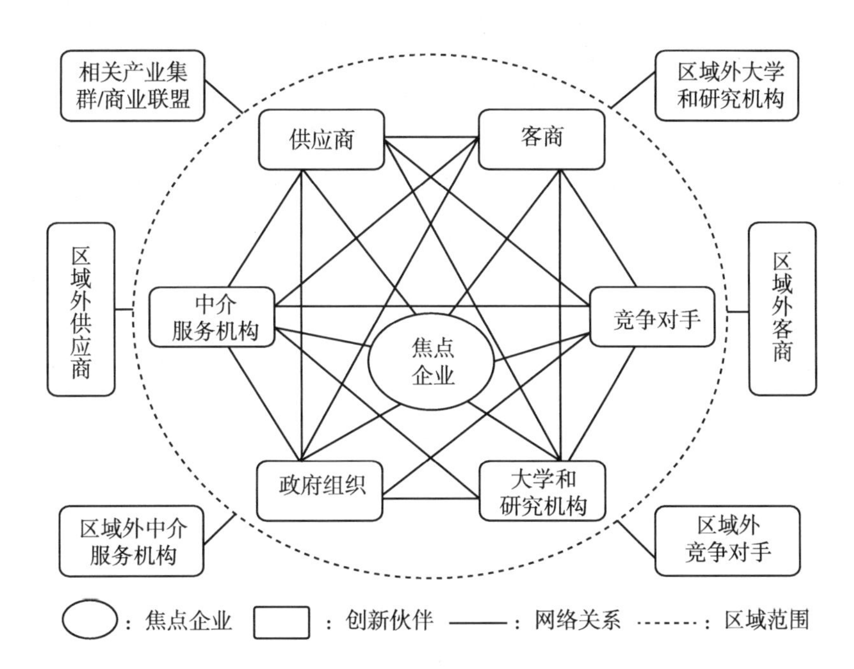

图 2.4 产业集群内部主体合作关系示意

资料来源：陈学光（2007）。

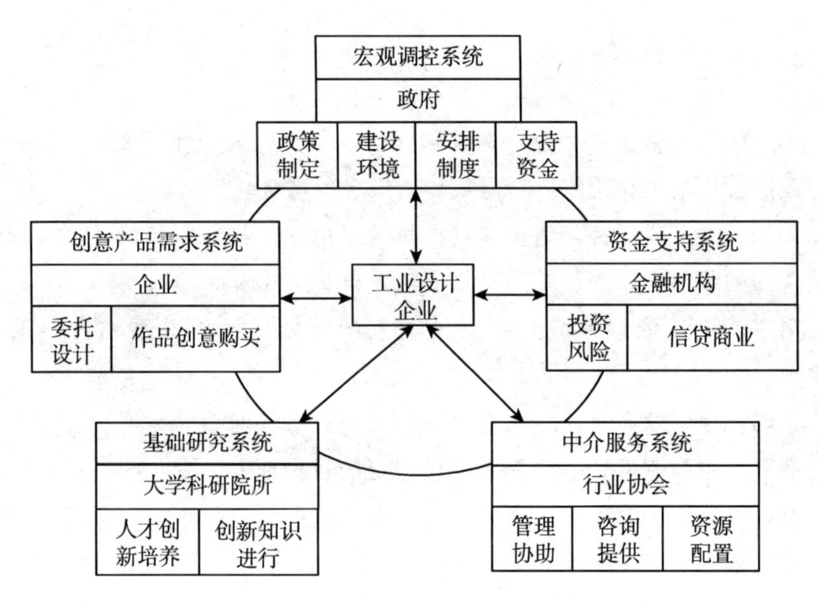

图 2.5　工业设计业外部合作网络结构

资料来源：自制。

笔者认为，工业设计业合作网络是指工业设计企业在特定的地域社会文化环境下，为了获取资源、实现发展，与前服务商、后服务商、客户、同行、大学及科研机构、政府组织、行业协会、中介机构等在互动过程中形成的各种正式的和非正式的关系集合。

第三章

企业合作网络的科学基础

第一节

产业集群理论

一、产业集群概念

产业集群理论可以追溯到19世纪上半叶。随着区域联系越来越紧密，经济合作日益频繁，产业空间布局问题的重要性日益显现，而这一问题又是当时主流经济学理论所无法解释的。产业集聚理论随之出现，从杜能（Johann von Thünen）的农业区位论到马歇尔（Marshall，1890）的产业区理论、韦伯的工业区位论，再到克里斯泰勒的中心地理论，诸多经典的理论奠定了产业集聚理论研究的基石，此后萨缪尔森、缪尔达尔、赫尔希曼、布代维尔等人也围绕集聚这一视角开展了大量的研究。以克鲁格曼（Krugman）为代表的新经济地理学派为产业集聚研究的发展注入了强劲的动力。Helpman和Krugman（1987）建立了一个包括递增收益和垄断竞争的模型，并指出彼此之间没有明显比较优势的国家，由于对市场接近程度的差异而发展出不同的生产结构。Krugman（1991a，1991b）将空间因素纳入到一般均衡的框架中，解释了经济活动的空间集聚。他认为具有规模报酬递增的工业生产活动，其在空间上演化的结果最终将会是集聚，而由于贸易保护、地理分隔等外部环境因素的影响，产业集聚的空间格局可以是多样的。这些研究均是从集聚的角度或从空间接近性来研究产业集群，未考虑产业集群内部主体之间、集群与外部环境之间的网络关系。

目前还没有一个统一的产业集群的概念。但至少有三个角度的定义比较流行：一是基于纯粹的地理集聚；二是基于价值链；三是与产业以及与产业相关的机构和基础设施集聚的价值链的地理集聚。

第一种产业集群的定义是基于相似的产业的地理集聚。如 Swann 和 Prevezer（1996）界定集群为“某一地理区域某一产业的企业群”。Schmitz 和 Nadvi（1999）给出相似的定义。在这个定义中有三个重要因素，第一，产业集群是相近产业的企业空间集聚，这也表明如果是不同的产业集聚不能界定为集群；第二，需要一个企业群才能组成一个集群，也即一个地区有一个统领性的大企业不能称为集群，即使这个企业规模很大，产出很高；第三，企业要在空间集聚，企业分散分布不能算做集群。

第二种产业集群被界定为具有投入产出关系的企业在空间上的集聚。Feser 和 Lugar（2002）定义产业集群为“一些共处一地的企业因具有供给关系、共享一些要素市场（包括基础设施、知识资源和劳动力）或拥有共同的消费市场而形成的集聚现象”。简而言之，集群是指同属一个产业或属不同的产业但它们是在价值链的某些环节相关的一系列企业的集聚。这个定义将集群中的企业从一个产业拓展到不同的相关产业，也因此失去了精确性。

第三种定义是来源于新古典微观经济学和集聚经济。最有影响力的学者是波特（1990，1998），他将产业集群定义为：“特定的地域，一些相关联的企业和机构的集聚，包含一些相关的产业和对竞争有助的机构，比如专精的供应商（包括元器件、机器和服务）、专业设施的提供商；集群也常常延伸到下游的渠道、客户和横向互补产品制造商、与技能技术相关联的企业或共同投入的企业。集群也包含政府和其他机构，如大学、标准制定机构、智囊团、职业培训机构和行业协会——提供专门的培训、教育、信息、研究和技术支持”。波特的产业集群定义包含了以上第一类和第二类产业集群的概念，并增加了需求、成本以及城市基础设施和相关机构等内容。

波特的产业集群定义被广泛引用，但仍存在一些不足，而被人们批评。既然任何相关的事物（企业、机构或消费者）都可以归类为集群，那么集群就变得宽广，而没有人能界定它了。从这个角度也可以看出，这个定义同价值链角度的定义一样缺乏精度。波特（1998）通过给出钻石模型进一步阐述他的集群定义。钻石模型包含四个部分，“要素市场”“需求市场”“相关和支持产业”“企业结构和竞争者”，核心要素是“本地环境”（见图3.1）。他的钻石模型是建立在多理论基础上的，如经济增长理论（Cobb and Douglas，1928）、本地化经济理论（Marshall，1890）、城市化经济理论（Hoover，1948）和生命周期理论（Vernon，1966）。

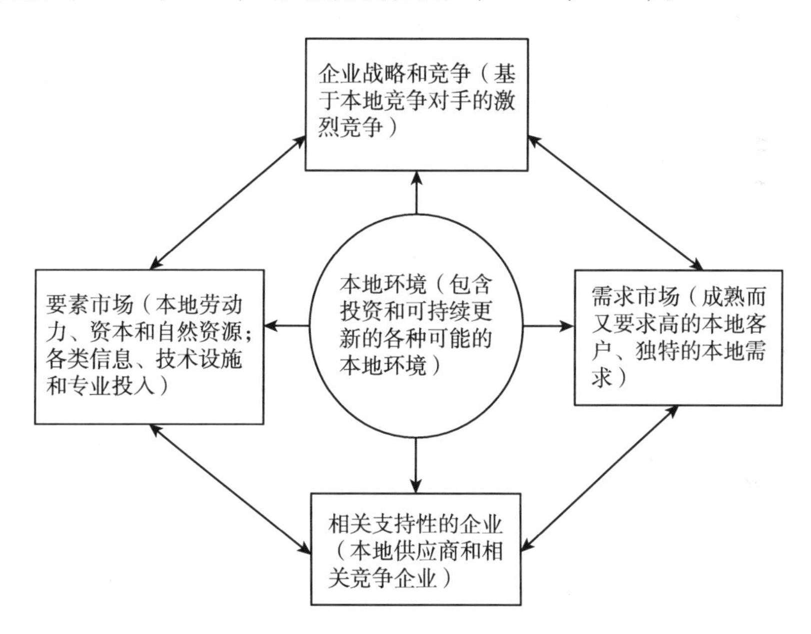

图3.1　波特钻石模型中的本地环境构成

资料来源：Porter（1998）.

波特钻石模型的核心是“本地环境”，“本地环境鼓励适当的投资和持续升级”。这里的“本地环境”包括多种模式，波特钻石模型的其他几个支柱也都是基于本地环境而建立起来的，地方的创造力以及人们在同行业中的连接方式都是本地环境的重要表现（见图3.2）。

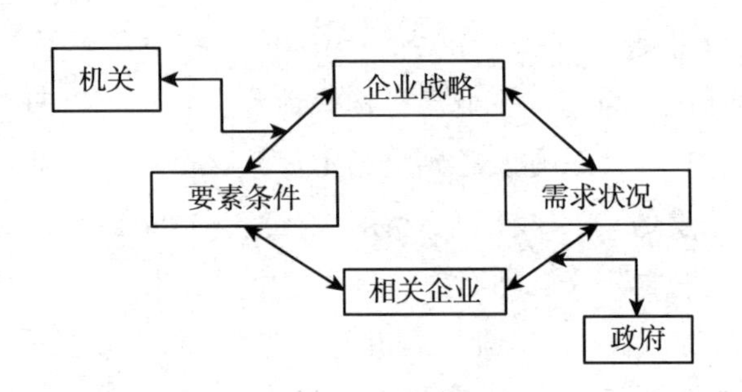

图 3.2　波特钻石模型示意

资料来源：迈克尔·波特（2001）.

王缉慈（1992，1993，2001，2002 等）是我国国内较早从地理学和经济学角度，系统研究产业集聚现象及其合作网络的学者。1992 年，王缉慈在《别树一帜的国家竞争优势理论》一文中首次引用波特的"一旦产业组群形成，其各个产业通过前向后向及旁侧联系相互支持。在组群内，一个产业内部的竞争蔓延到另一个产业的内部，一个产业中研究开发、引进新战略和新技术等努力均会促进另一个产业的升级"（王缉慈，1992a）。此后，多次对新工业区、新产业区概念进行辨析（王缉慈，1994a，1994b，1998b）。2001 年，王缉慈在《创新空间——企业集群与区域发展》一书中指出，产业集群是一组在地理上靠近的相互联系的公司和关联的机构，它们同处或相关于在一个特定的产业领域，由于具有共性和互补性而联系在一起（王缉慈，2001a，2001b）。随后，王缉慈先后对区域创新系统、创新环境、产业集聚、产业的地理集中及产业集群等概念进行了辨析（王缉慈，2002e，2004b，2006）。2006 年，王缉慈认为产业集群是一群在地理上邻近而且相互联系的企业和机构。

产业集群的行为主体及其特征如表 3.1 所示，不同学者产业集群概念的理解如表 3.2 所示。

表 3.1　　产业集群的行为主体及其特征

行为主体	特征
上下游产业联系的供应商、制造商和客商	地理邻近
水平产业联系的竞争产品、互补产品和副产品的制造商	产业联系
政府、中介、行业协会、大学及研究机构等其他辅助机构	联结与互动

资料来源：王缉慈（2010）.

表 3.2　　不同学者产业集群概念的理解

代表人物	定　　义
Krugman（1991b，1995）	认为企业创新产出与其所在地理空间有关，并提出产业集群是建立在递增收益和劳动力市场与中间产品所产生的“金钱外部经济”基础上的集聚和产业活动的集中
波（1990，1998，2001）	产业集群是一组地理上临近的相互联系的公司和关联机构，它们同处在一个特定的产业领域，由于具有共性或互补性而联系在一起。集群通常包括下游产业的公司、互补产品的生产商、专业化基础结构的供应者和提供培训、教育、信息、研究和技术支撑的其他机构
UNIDO（1995）	产业集群是生产一系列相同或相关产品而面临共同的挑战和机遇的企业在部门和地理上的集中
OECD（1998）	产业集群可以描述为众多相互依赖的企业（包括专业化的工艺供应商）、知识生产机构（大学、科研院所和技术支撑机构）和一些中介服务机构（经济商、智囊团）以及客户所组成的一种生产网络
Scott（2002）	产业集群是基于合理劳动分工的生产商在地域上结成的网络（生产商和客商、供应商以及竞争对手等的合作与链接）与本地的劳动力市场密切相连
Rosenfeld（1997）	产业集群是为了共享专业化的基础设施、劳动力市场和服务，同时共同面对机遇、挑战和危机，从而建立积极的商业交易、交流和对话的渠道，在地理上有界限而又集中的一些相似、相关、互为补充的企业
王缉慈（2001）	产业集群是指大量专业化的产业（或企业）及相关支撑机构在一定地域范围内的柔性集聚，它们结成密集的合作网络，植根于当地不断创新的社会文化环境
仇保兴（1999）	由一群彼此独立自主但相互之间又有特定关系的小企业组成；在这种特定关系中隐含着专业分工和协作现象，即产业集群中企业间的互为行为；互为行为包括小企业间的交换和适应；集群中存在企业间的互补和竞争关系；信任与承诺等人为因素来维持集群的运行并使其在面对外来机构竞争时拥有其独特的竞争优势
魏江（2003）	一群位于同一小地理区域的相关企业组成的集合体，它是具有地理边界的中小企业在某一特征关联背景下的产业生态系统
曾刚，文嫮（2004）	产业集群是指企业在一个特定的区域内通过纵向和横向层面所展开的经济技术合作和竞争所形成的、空间临近的产业群体

资料来源：张云伟（2012 年）.

它们具有产业联系而且互相影响。通过联系和互动，在区域中产生外部经济，从而降低成本，并在相互信任和合作的学习氛围中促进技术创新。然而集群中相互学习和促进创新的效应可能产生，也可能不产生（Wang，2006）。2010 年，王缉慈在《超越集群》一书中辨析了产业集群概念的本义，分析了规范理论中的产业集群三类行为主体及其地理邻近、产业联系和行为主体间互动三个方面的特征。

尽管产业集群的概念多种多样、形式也具有多样性，但总的离不开三大行为主体以及三个方面的特征。集群内行为主体之间除了市场交易关系之外，还存在着产业技术知识流动、创新文化环境、信任与合作等其他社会联系，可以说产业集群既是一个商业网络，又是一个社会网络。

集群与产业集聚。产业集聚一般是指一定数量的企业或一些支持性的部门（如大学、教育机构、咨询机构、行业协会等）在一定的地理位置中集聚的现象。这些企业或相关或不相关，集聚的主要动力为追求外部经济。而集群，可以看成是集聚的特例，集群是一种集聚，是指集聚在一起的各个企业和各个机构之间发生关联，它们结成横向或纵向的关系。韦伯把集聚动力分为两个不同的阶段，一阶段企业通过自身的扩大而产生集聚优势，被看作初级阶段；二阶段就是指各个企业和组织之间发生关联，被看作是高级阶段。这里的高级阶段也就是指“产业集群”阶段。褚劲风（2008 年）认为，产业集聚是动态过程，产业集群却同时能体现静态结果。产业集群可以看作是特定产业的集聚现象，特定产业的集聚是产业集群形成和发展的基础。

二、产业集群网络特征

Granovetter（1985）在《美国社会学评论》上发表的“*Economic Action and Social Structure*：*The Problem of Embeddedness*”，从网络化视角研究产业集聚。此后，网络研究开始进入产业集群研究人员的视野，社会经济网络分析逐渐成为产业集群研究的范式。

Saxenian（1985）认为，区域合作网络可以分为正式合作网络和非正式合作网络，网络形式能有效传递和扩散各类知识特别是隐性知识。Porter

(1998) 充分肯定了企业以及与其相关的各机构地理上集中的各种益处。以 Granovetter 为代表的新经济社会学家研究发现，集群内各企业和机构在集聚地容易形成嵌入当地社会结构的共同集聚文化，基于这种非制度性的文化约束，专家、研究人员和开发人员相互信任和交流，促使创新信息在集群内部的流通、扩散。Keeble 和 Lawson (1999) 分别通过实证分析，总结出产业集群的网络学习机制：显性技术和企业家的本地流动与企业衍生，企业网络的交互活动，研究技术人员的本地流动。

国内学者慕继丰 (2001) 等指出，企业网络是许多相互关联的公司或企业及各类机构为解决共同的问题，通过一段时间的持续互动而形成的发展共同体。王缉慈、童昕认为，产业集群中的企业相互靠近，可以在长期的交往中逐渐建立起彼此之间的信任关系和保障这种信任关系的社会制度安排，从而积累社会资本，降低交易费用，地方特色产业能形成该产业的独有声誉，吸引新的客户和生产者。

孟韬 (2009) 总结了产业集群组织网络具有五大特征，即产业集群组织网络具有复杂性、整体性、竞合性、学习性和自相似性 (见表 3.3)。

表 3.3　　产业集群组织网络特征

特征	具体表现
复杂性	集群网络组织的复杂形式是由其外部环境的复杂性决定的，另外集群网络组织存在着众多主体，以及主体之间复杂的联结方式也导致了集群网络组织的复杂性
整体性	集群网络内存在着共同的规范和标准，往往具有共同社会文化背景、价值观和行为准则，同时各主体之间合作紧密，信任程度高，这些都大大增强了集群网络组织的整体性
竞合性	集群网络主体之间不但合作，也存在着竞争关系，这种竞合关系是对恶性竞争的改善，是企业自主协调竞争秩序、减少交易成泛亚本和竞争成本的结果，这种竞合关系增强了集群的活力，推动着集群的发展

续表

特征	具体表现
学习性	集群网络组织是一个学习型组织，与外部环境之间不断进行着信息交换，同时内部主体之间具有地理和关系上的双重接近性，便于通过网络关系开展良好的互动，因此集群网络组织对外部环境的适应过程和主体之间互动过程就成为集群网络组织的学习过程
自相似性	集群网络组织的某些主体在网络中具有中心地位，会吸引一些主体在其周围形成小团体或者自中心网络，这就是整个集群网络的子网络，与集群网络组织具有自相似性，在结构、功能等方面均具有相似性

资料来源：孟韬（2009）.

人文地理学研究出现新的领域，如地理学的“文化转向”“关系转向”。这些研究强调经济活动和空间过程如何与行为主体的社会关系、区域制度、文化背景等无形的东西紧密联系起来，强调同一内容在不同地理尺度上的研究（Thrift and Olds，1996；Wills and Lee，1997；Yeung，2003等）。

第二节

企业网络理论

企业网络研究有两条主线，一是经济学，二是社会学。经济学将企业网络作为组织中的理性代理来研究，而经济社会学则注重组织行为分析，强调的是结构主义分析在企业中的应用（梁浩，2006）。另外，自20世纪80年代以来，国际上，人文地理学研究出现新的领域，如地理学的“文化转向”“关系转向”。这些研究强调经济活动和空间过程如何与行为主体的社会关系、区域制度、文化背景等无形的东西紧密联系起来，强调同一内容在不同地理尺度上的研究（Thrift and Olds，1996；Wills and Lee，1997；Yeung，2003）。企业网络研究的主要学派及其认识见表3.4。

表 3.4 企业网络理论研究的主要学派及其认识

学派	交易治理学派	战略管理学派	嵌入性学派	北欧学派
代表作者	Thorelli	Jarillo	Granovetter	Hakansson
代表文献	Thorelli《网络：在市场与科层之间》；Powell《既非市场也非科层组织的网络形式》	Jarillo《论战略网络》；Nohrio 和 Eccles《网络与组织：结构、形式和行为》	Granovetter《经济行动与社会结构：嵌入性问题》	Hakansson《企业技术变化：一个新视角》
研究内容	阐述网络的概念和内涵：用市场、网络和科层的三级制度与科层两家制度框架	网络是一种组织形式，管理者和企业家可以通过它在市场竞争中定位；网络组织的形成研究	提出嵌入性概念：研究区域生产网络的嵌入性及其运行机制	构建了网络结构的三个变量：活动、行动者和资源；描述三个基本变量及其之间的关系
主要观点	网络是市场与单个企业间的媒介，是两个或多个企业间由于频繁交易而形成的一个或多个子市场；把网络组织称为“看不见的手”与《看得见的手》的握手	战略网络是独立而又相关的企业之间长期的有目的的合约安排，这种安排可以使他们与网络外部的企业相比具有竞争优势	人际网络、制度等社会性因素在经济行为中发挥着重要作用，对经济行为的解释应更多地在社会性背景中进行，企业所嵌入的社会网络决定了企业的经济机会	活动层面上，活动联结又影响着关系双方的绩效；资源层面上，关系自身构成了可以使用和开发的资源；在行为层面上，行为者纽带的建立影响着行为者如何感知、评价和处理与另一方的关系
简要评述	多数学者的研究关注企业网络的性质和本质，以及网络在交易治理方面的含义	普遍注重网络对于企业经济活动实践的战略意义和应用方面，将网络与企业的战略行为联系在一起	“经济人”到“社会人”基本假设转变，拓宽了研究视野，信任等非经济性因素进入经济行为解释框架	从简单的经济学角度的机理研究深入到网络的内容，从网络结构的角度研究企业网络的运行机制

资料来源：赵建吉（2011）.

一、经济学视角下的企业网络

1. 获取资源

没有任何一个企业可以自给自足，所有的企业必须与外界环境进行交换，以获得自身发展所需要的资源。关系的存在常常会对一个企业的知识创新有积极影响：合作强化了组织内学习。通过组织内学习可以获得外部知识，也可以通过运用外部知识来培养竞争力、获得知识技能和组织规则（Powell et al.，1996）。很多公司为了能够提供具有竞争力的服务、科技和商品，选择依靠外部伙伴进行合作（Pfeffer and Salancik，1978）。与其他公司的合作使得企业能够进入外部市场，通过基础设施的联合利用缩减成本，建立信任，通过知识充足来促进创新，为公司现有合作者向第三方展示其品质的积极信号（Podolny，1993；Zaheer et al.，2010）。

企业倾向于与那些具有高依赖度的企业组成联盟，发展必要的企业网络成为理性的选择（Hoskisson et al. 1994）。网络中企业的行为不仅仅受企业内部要素影响，也会深受企业间相互依赖的关系的影响（Hirschman，1970）。早期的战略联盟的研究便认为企业组成跨组织合作连接的主要原因就是获取相互依赖与互补性的资源。

Ahuja（2000）用资源观理论来解释了网络的形成：公司建立战略联盟（网络）的倾向取决于网络所带来的机会和公司自身的资源禀赋相互组合与匹配。一个多元化的知识环境而不是经济个体的相似知识和行为，促进了创造性，提高了市场进入和竞争机制孕育新思想（也被称为雅各布外部性）（Van der Panne，2004），而企业间差异有助于创新扩散，多样性或多元化促进行业的创新与成长。

2. 降低交易成本

Williamson（1981）认为，交易费用理论研究企业组织就是将交易看作是基本分析单位，并将节约交易费用视为组织研究的核心问题，将不确定性、资产专用性和交易频率视为决定交易成本费用大小的三个主要因素。1985 年，他进一步指出，由于资产专用性导致相互依赖和“要挟”风险，进而出现在形式上独立但实质上却相互依赖的企业之间关系治理的复杂问题，产生了介于市场和企业科层管理中间的组织形式。此理论特别关注成本最小化。许小虎、项保华（2006）等指出在很多场合，交易费用理论已经不能很好地解释组织间关系。在全球化发展的今天，企业间结成网络不仅仅为了减少交易费用，更重要的是企业基于信任的战略合作和互动学习能够促进各方竞争能力的提升（许冠南，2008）。

企业网络理论可以从 Smith（1776）古典经济学中的“分工”理论找到一定的解释。Richardson（1972）的组织协调理论，进一步明确了无论是在企业内部还是在企业之间，分工原则都是共同存在的。在组织协调机制作用下，企业所从事的只是其中部分分工活动，其活动从来不是孤立的，而是与其他企业等组织互补性关联。这种相互联结和渗透的组织间协调活动，最终导致了企业等组织间复杂易变的网络关系和丰富多样的制度安排，综合起来是“非一体化下的分工整合关系”。

Lowendahl（2001）认为合作网络形成的原因主要是单个企业个体能力有限，不能适应技术的变化，从而造成了企业面临巨大风险和不确定性。为了规避风险和降低交易成本，企业之间结成相对稳固的网络关系以应对环境变化和竞争。

二、社会学视角下的企业网络

1. 关系性嵌入与结构性嵌入

Polanyi（1944）最早提出“嵌入性”（embeddedness）概念，认为经济过程仅在一个特定的、具体的或是“制度化”的社会形式中才拥有的“真正的实体”。经济过程被置于各种制度、关系中，如亲属关系、政治或宗教等。Granoveter（1985）进一步发展了“嵌入性”理论，认为“嵌入性”可以分成两类，一类是关系性嵌入，另一类是结构性嵌入。关系性嵌入是指社会中的行动者总是被嵌入在其所在的关系网络中，行动者的行为深受其他成员的影响；Granovetter、Bian 等是关系性嵌入学派的主要代表。结构性嵌入是指社会行动者所在的关系网络又是嵌入于社会文化传统、价值规范等结构之中，并受其影响和塑造。从结构主义视角进行社会网络研究的代表学者主要是 Burt、Tsai 等学者。

2. 强联结与弱联结

1973 年，Granovetter 发表著名文章《弱联结的力量》，提出关系力量的概念，将关系分为强和弱，认为强弱关系在人与人、组织与组织、个体和社会系统之间发挥着根本不同的作用。提出“弱关系充当信息桥”的判断：强关系在背景相似的个体间发生，但信息往往重复率很高；弱关系则在社会经济特征不同的个体之间发展起来，分布范围更广，比强关系更能充当跨越其社会界限去获得信息和其他资源的桥梁。并用4个维度来测量关系的强弱：互动的频率、感情力量、亲密程度、互惠交换。Granovetter断言，“虽然不能断定所有的弱联结都能充当信息桥，但能够充当信息桥的必定是弱联结”，该断言成为其弱联结理论的核心依据。

也有学者对“弱联结优势理论”提出质疑，认为强联结是个体与其他个体发生联系的基础与出发点。强联结所包含的信任、合作与稳定，能够使行动者更容易地获得合作伙伴的精神与物质支持。香港学者Bian（1997，1998）通过研究中国内地的求职现象，得出在中国特有的制度以及文化背景下，强联结在求职过程中起着非常重要的作用。他发现，在中国社会实现就业，“人情”比求职信息的获得更为重要，因为求职者即使获得了工作信息，若没有关系强的决策人施加影响，也不一定能得到理想的工作。与此同时，在工作分配的关键环节，人情关系所具有的影响也十分明显。

3. 正式联系与非正式联系

“嵌入性”理论的发展，解释了企业作为一个活动主体如何嵌入一个复杂的经济社会关系网络之中。企业的创新活动受到相关行动者的影响，也会影响到网络中的其他行动者。并且，企业的创新活动不仅仅是一种经济行为，也是一种社会行为，除了与其他企业、机构有正式商业关系外，还有一些非正式关系，如同事、朋友、亲戚等社会关系构成的非正式关系。李二玲（2006）通过研究中国中部农区产业集群的企业网络，发现非正式网络在中部农区中小企业集群形成中具有特殊作用。心理契约（非正式契约）对深受传统文化影响、市场制度不完善、以非正式联系为主的农区中小企业网络的形成和发展尤其重要，它决定了企业“和谁结网”以及“如何结网”。乡土社会长期形成的“共同惯例”和“道德标准”营造了一种和谐的心理契约氛围，使交易双方产生一致的对交易关系的理解和期望。在这种信任基础上，企业间的交易以非正式契约方式为主。交易双方重复交易后产生的思维定式和行为惯例，形成心理上的契约，可加强交易双方的信任。正式网络与非正式网络是交织在一起的，相互嵌入，两者不能被割裂开来。

三、地理学视角下的企业网络

学术界对“网络”这一术语的理解可以分为以下三个方面：网络作为知识的经验对象；网络作为一种理论；网络分析作为一种方法。近年来该领域学术出版的文献之多也说明了这个术语自20世纪80年代以来有多流行。图3.3展示了不同时期出版的地理学术期刊所有文章中包含关键词“网络”“网络理论”和“社会网络分析”的频数。这些分析说明了“网络”作为研究对象的次数远比作为一种理论或方法的情况要多得多。地理领域的大部分研究都倾向于把网络作为学习的对象，如非正式网络、项目网络、策略网络等。

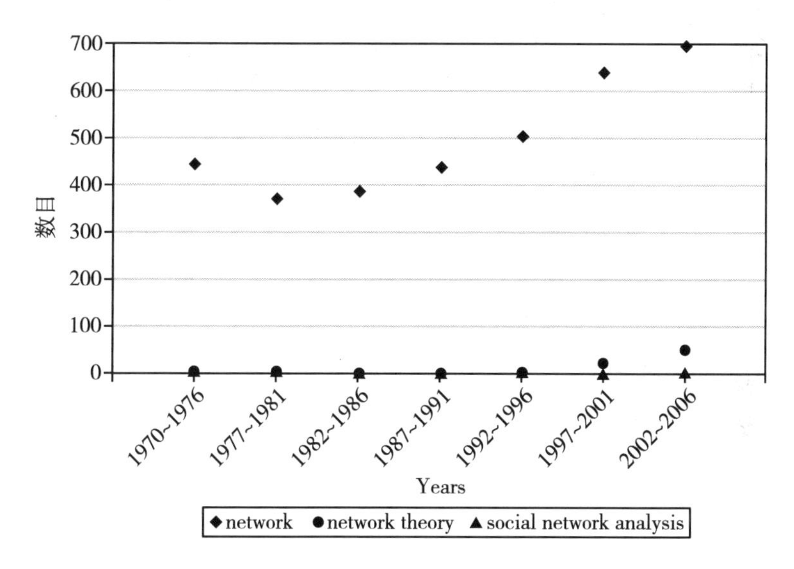

图3.3 通过JSTOR得到的33个地理学术期刊论文关键词含有“创新”的文章数目（1970~2006年）

资料来源：Johannes Glückler（2013）.

具体到经济地理学，对“网络”的研究却很缺乏，根据经济地理学领域17个核心期刊发表的论文来看，自20世纪90年代以来，人们对网络关注较多，但对网络理论以及网络分析做得很不够（见图3.4）。经济地理学不同于经济学与社会学，主要关注集聚与创新的关系，认为地理邻近有利于各创新主体频繁的面对面交流，能够促进隐性知识的传播，提升网络的创新绩效。合作网络的持续发展也会反过来强化集群的创新能力。

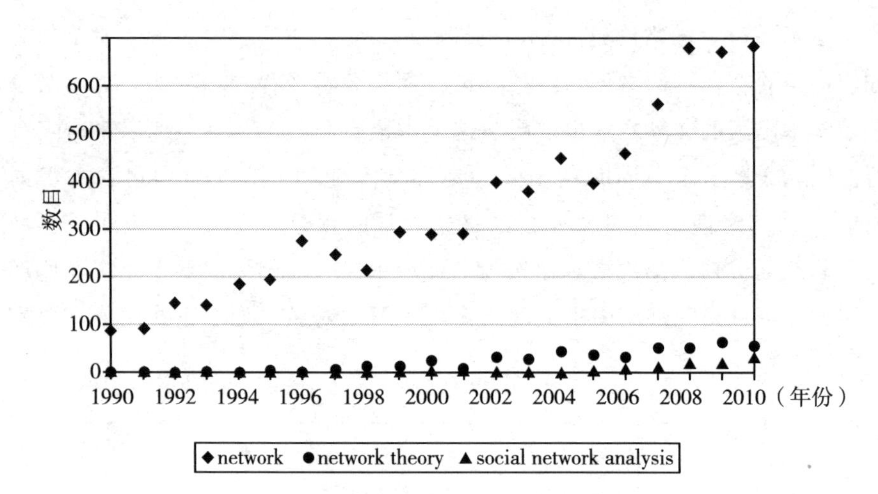

图 3.4 经济地理类 17 个学术期刊论文中关键字含有“网络”的文章数目（1990～2010 年）

资料来源：Johannes Glückler（2013）.

20 世纪 90 年代，法国邻近学派（The French School Of Proximity Dynamics）提出了“多维邻近（Multi-dimensional Proximity）”的概念。该学派指出，除地理邻近外还有其他邻近也可以解释知识流动和创新。Boschma（2005）将多维邻近分为地理邻近、制度邻近、组织邻近、社会关系邻近和认知邻近；Knoben（2006）等将邻近分为地理邻近、组织邻近和技术邻近三类，研究了邻近性与组织合作间的关系，从一般层面和二元层面两个视角考察了不同邻近性的内涵；李琳等将邻近性分为地理邻近性、认知邻近性和组织邻近性三类。

1. 本地联系——地理邻近

Whlttington（2009）认为地理邻近性是指焦点企业与其他企业以及组织机构地理距离的接近程度，是表示企业在地理空间所处位置的重要变量。

地理邻近性理论主要是由区域创新学者提出来的。1986 年，来自法国、意大利、瑞士等国的区域科学研究者共同组成了区域创新环境小组

（GREMI），将企业的空间集聚与创新活动联系在一起，指出地理集聚有利于企业的集体行动，而集体行动也反过来促进了企业间的知识流动。Cooke（1996）在国家创新系统理论基础上提出了“区域创新系统”，“创新系统”学派特别强调一定地域范围内各创新主体之间的协同结网。“创新环境”学派与“创新系统”学派是马歇尔产业区理论的重要延续，两者进一步深化了马歇尔提出的“产业氛围”，均强调地理邻近性对企业获取知识资源具有正效应。

地理邻近对创新产生正向影响已被中外学者通过实证研究证实，如Almeida（1999）等通过对美国半导体专利引用情况的研究，证明了地理邻近对特定高新技术企业间的知识流动的重要性。汪涛、曾刚（2008）对浦东高新技术企业合作伙伴研究，发现从本地尺度来看地理邻近性对促进企业间知识流动十分有限，但从区域尺度上来看地理邻近性对促进知识流动具有一定作用。韩宝龙（2010）等通过对我国53个国家级高新区进行研究，验证了地理邻近性对我国高新区创新绩效的正向影响效应。也有不少学者通过研究发现地理邻近也并不一定就产生正向效用。Darr（2000）等认为在地理空间上集聚的企业或组织，在业务、战略和运作方式上可能具有相似性，并且他们处于相似的社会文化环境中，这也使得他们拥有的技术知识具有重叠性，冗余信息较多，异质性较差，这样的网络提供新知识的潜力不大；Bell（2005）尝试避开集群效应，探讨地理位置对创新的作用，通过研究加拿大共同基金公司的地理位置和网络中心度对公司创新性的影响，发现地理位置对创新的作用并不完全来自于网络结构。

Teis Hansen（2014）就丹麦清洁能源创新网络进行五维（地理邻近、社会邻近、组织邻近、制度邻近、认知邻近）分析，发现地理邻近在五种协同创新（获得互补性技术、影响市场结构、获得知识、缩短创新时间、共担成本及风险）中的3种（获得互补性技术、获得知识、缩短创新时间）中很重要（见表3.5）。若从理论视角看，当面对面交流需求降低时，通过非空间邻近性代替地理空间邻近是可能的。

表 3.5　　五种邻近性在五种协同创新中的作用

	获得互补性技术	影响市场结构	获得知识	缩短创新时间	共担成本及风险
社会临近	高	低	高	高	高
	企业熟知并信任的伙伴	能帮助企业进驻新市场的合作者	选择基于长期发展目标的伙伴	依赖企业已经熟知的伙伴	企业熟知并信任的伙伴
制度临近	中等——高	低	低	中等——高	低
	存在不同程度的变化	了解当地商业文化的新合作者	伙伴关注技术创新并受不同目的的引导	选择熟知的相似性文化	企业在完全不同的文化环境
组织临近	低	低	低	高	高
	企业内部可达程度较低	与企业不同的市场中的新合作者	获取企业内部没有的技术	倾向于选择企业内部合作	与海外分公司合作
认知临近	低	中等——高	中等	高	中等——高
	不同技术领域	具有相似或相关技术的合作伙伴	认知水平以上的一些相关的技术	相似的学科	与不同发展阶段，具有相似技术伙伴合作
地理临近	高	变化但以低水平为主	变化但以高水平为主	高	低
	经常需要对认知临近性进行补充	1. 位于新市场区域的企业 2. 本地企业关注进驻新商务领域	高地理临近性，通过地理临近对社会临近进行补充促进	需要经常性的相互交流	选择劳动力成本较低的伙伴进行合作

资料来源：Teis Hansen（2014）.

2. 非本地联系——社会邻近

很多研究表明过度的地理邻近会出现锁定效应（Locked-in），使得网络内部的知识传递固化。解除锁定的有效途径则是进一步融入外部世界，获取外部新知识。Uzzi（1996）提出社会邻近性的概念，认为经济联系总是建立在社会联系的基础上的，社会联系反过来也会影响经济联系。Boschma（2005）将社会邻近性定义为个体之间的关系在多大程度上是基于信任、友谊、亲友关系或者过去共同的经历。基于这样的社会关系，可以降低机会主义的风险，降低交易成本。在社会学、生态学影响下，经济地理研究出现制度转向、文化转向、关系转向和生态转向。以 Amin、Malmberg、Dicken 和 Yeung 为代表的学者将社会学网络的理论引入经济地理学，并对新产业区空间、学习型区域、网络关系及权力、关系的尺度等领域进行了研究（倪外，2010）。社会邻近性使得学者逐步摆脱地理空间的束缚，有助于对跨区域的知识流动及创新进行研究。Oinas（1999）证实本地与非本地关系都是创新发生的重要因素。Grabher（2002）通过对伦敦 Soho 广告村项目生态网络进行研究，发现企业通过项目组织嵌入到不同的企业、组织以及社会层面，也证实了非本地联系对创新绩效的积极作用。Scott（2002）通过对好莱坞电影业的研究，认为好莱坞生产网络既有企业联盟，也有很多独立的大众公司。好莱坞以其巨大的吸引力能够吸引一些公司在其周围集聚，但电影业也出现了大规模的离岸外包现象，主要表现为影视后期制作环节向低成本地区和国家转移，在全球各地出现很多卫星生产基地，挑战好莱坞的霸权地位，进一步证明了非本地联系的重要性。Elfring（2003）等将社会网络关系强弱理论运用到高科技企业知识的创造与扩散研究中，结果发现强联系便于隐性知识的交流，而弱联系更利于显性知识的交流。Giuliani（2005）通过研究智利啤酒业集群、Canter（2006）研究德国耶拿地区企业间科学家流动、Broekel（2012）研究荷兰航空等案例，分析了社会邻近性对合作网络形成的重要性。

张珺（2007）认为技术社区是一种超越地理边界的合作网络，主要指企业家基于关系邻近（拥有共同原则和价值观）而形成的，能够在远距离经济体之间转移知识和技能的组织。赵建吉、曾刚（2010）通过对台湾新竹 IC 产业的发展历程进行研究，发现同硅谷密切联系的技术社区在转移技术、知识、信息以及商业联系等方面发挥着重要作用。技术社区通过密集的专业技术人员和社会网络使得新竹与硅谷的技术发展水平和领先市场保持一致，推动新竹 IC 产业融入全球生产网络。硅谷的大陆技术移民，通过大学校友关系构建了技术社区，也因此建立了广泛的职业和社会网络联系，张江高科技园区也在通过“柔性流动”等方式吸引海外人才回国创业，也取得了很大的成功。张江高科技园区的部分海归企业见表 3.6。

表 3.6　　张江高科技园区的部分海归企业

企业	成立时间	创始人	学历经历	企业技术水平
中芯国际集成电路制造（上海）公司	2000	张汝京	美国南方卫理公会大学博士，德州仪器工作 20 年	2007 年 12 英寸生产线正式运营；为全球客户提供 45 纳米代工服务
展讯通信（上海）有限公司	2001	武平	中国航天科学院博士；Mcbilink Telecom 设计主管	世界首颗 GSM/GPRS2.5G 多媒体基带一体化芯片；TD - SCDMA/GSM
鼎芯通信（上海）有限公司	2002	陈凯	加州伯克利大学半导体博士；IBM 半导体研究中芯工程师	成功研发中国第一个完整射频收发器，并第一个在中国实现了产业化
盛美半导体（上海）有限公司	2007	王晖	大阪大学半导体专业博士；硅谷研究所工作多年	掌握未来芯片新一代暨晶圆无应力抛光技术，机样被 Intel 公司采购

资料来源：王灏（2009）.

3. 跨越地理与社会关系的联系——认知邻近、组织邻近

学者通过实证研究发现知识网络在区域内分布是不均衡的，企业间的知识流动并不取决于地理邻近和社会关系邻近性，而是取决于企业内部知识基础和对外吸收能力。Nooteboom（1999，2000）提出认知邻近性概念，主要是指主体在觉察、说明、理解和评估世界方式方面具有相似性。在合作中，合作方对合作的基础、过程、目标和前景有相似的认识和看法。Broekel 和 Boschma（2012）将认知邻近性定义为两个机构知识基础的科技相似性。

经济地理学界关注企业的内在创新特征对知识流动的影响，但对区域内部所有企业是否都能实现知识共享的观念提出了质疑。企业之间拥有的资源或能力并非均等，占据价值链高端的企业凭借其所拥有的资金、技术、品牌、市场等关键资源的优势对其他企业施加影响，权力开始跨越自身边界、超越产权关系，在网络成员中发挥影响。文嫮（2005）等以上海

浦东集成电路产业网络为例，指出由于浦东IC产业发展年限短、技术实力有限，被排除在技术阵营之外。景秀艳（2007）通过研究发现，全球领先公司因拥有优势资源（品牌、核心技术、控制主要财源和销售渠道），在生产网络中享有权力优势地位。

Polanyi（1961）、闫相斌（2011）等认为认知邻近性在知识交流和创新过程中变得越来越重要。Knoben（2006）甚至认为在所有维度的邻近性中，认知邻近性的作用最重要，且随着时间变化逐渐增强。Grabher（1997）认为知识的有效传输需要一定的知识基础来识别、解释和挖掘新的知识，知识基础要新知识拥有足够的相似性，才能够成功地吸引新知识，成功地交流、理解和处理新知识。缺乏认知邻近性或许会引起文化冲突和误解，从而阻碍信息和知识的获取以及组织之间的学习。因此，不难得出，具有相同知识基础和经验的公司或个人能互相学到更多知识。

Pierre-Alexandre Balland，Mathijs De Vaan 和 Ron Boschma（2013）通过对视频游戏产业的研究发现，认知邻近在产业发展的不同阶段的作用不一样，在视频游戏产业发展的初期阶段，认知邻近在合作网络中不起决定性作用，但在后续发展中，企业合作网络明显被具有相同认知的企业驱动，这或许与视频游戏业变得更加技术化、复杂化，更需要认知相近的合作伙伴有关。

Oerlemans（2005）提出组织邻近性概念，认为组织邻近性是“经济主体同属于同一关系空间”，强调了组织内的机构隶属性和组织间的结构相似性。知识创造需要有对组织内和组织之间不同成员拥有的知识片段进行整合的能力，并且知识创造还往往伴随着不确定性和机会主义，仅仅通过市场机制和合同无法得到解决，只有通过强有力的控制机制，才能保障所有者权利并刺激创新的产生。所以，Cooke（1998）认为组织安排不仅是协调交易的机制，同时又是保证知识和信息在充满不确定性的世界里转移和交换的载体。与地理邻近性相似，过度的组织邻近性对互动式学习和创新也可能产生不利影响。比如，过度的组织邻近也会出现“锁定”效用，被锁定在既定交换关系中；如果是科层较多的组织，还会出现低效；过多的组织交织成一个封闭、内向锁定的体系，彼此间相互依赖性越来越大，主动创新的可能性会变小。总之，过多与过少的组织邻近都有其弊端。过少的组织邻近性由于缺乏控制力而增加了机会主义的风险，而过多的组织邻近性又会导致灵活性的丧失，只有实现组织的可控性和灵活性，富有成效的结合才能获得理想的创新绩效。

第三节 知识溢出理论

一、知识、知识分类及知识溢出

知识的定义很多，本章中所指的知识是指结构性经验、价值观念、关联信息及专家见识的流动组合（Davenport and Prusak，1999）。按知识的属性和获取、传递的难易程度，可将知识分为显性知识（编码知识）（Explicit Knowledge）和隐性知识（缄默知识）（Tacit Knowledge）（见表3.7）。显性知识一般是指经过编码的知识，能够以一种系统的方法来表达的正式而规范的知识，通常以语言、文字等结构化的形式存储。这类知识容易传播。隐性知识是隐含的且难以模仿的，具有高度个体化、难以与他人共享的知识，包括个人经验、印象、感悟、团队的默契、技术诀窍、组织文化、风俗等，难以被模仿，不易被窃取和复制，这类知识难以在远距离进行传播。一般认为，隐性知识比显性知识更宝贵，波兰尼（Polanyi，1966）说过“我们知道的东西要多于我们所能诉说的东西”。显性知识与隐性知识传播比较如表3.8所示。

表3.7 显性知识与隐性知识

分类	显性知识（Explicit）	隐性知识（Tacit）
属性	客观的	主观的
定义	经验的知识	经验的知识
	同步的知识	同步的知识
	模拟知识	模拟知识

续表

分类	显性知识（Explicit）	隐性知识（Tacit）
所有权	因具体化而可以透过法律保护且容易转移	随着拥有此种窍门的个人或组织，而且很难被复制或转移
例子	设计蓝图（blueprints）	经验
	符码（code）	智慧
	公式（formulate）	窍门（know - how）
	计算机程序（computer program）	群体技能（group skill）

资料来源：Nonaka、Takeuchi（1995）.

表 3.8　显性知识与隐性知识传播比较

类别	显性知识	隐性知识
特点	可编码、易表达	难编码、难存储、难表达、高度根植性
媒介或载体	文字、语言、符号（技术专利、技术调查、技术影音资料、技术说明书、技术文献等）	存在于行动或思维中（技术诀窍、个人经验、惯例、团队默契、组织文化）
获取方式	直接购买、学习	边做边学、交流
转移工具	传统载体、信息技术	亲历、观察、隐喻、对话
转移成本	相对较低	相对较高
转移限制	克服时间、空间的不一致	限于时间、空间的分割
转移效率	相对较高	相对较低
技术成熟度	越高，越容易显化，易于接受和理解	越低，显化程度大，隐性知识作用突出

资料来源：Brennenraedts（2006），转引自赵建吉（2011）.

知识影响经济活动已被广泛接受，并且，人们认为经济主体不仅依赖自身的知识，也依赖其他企业、机构的合适知识，这种知识有可能是编码化的，也有可能是隐性的。这两种知识的获取都受地理邻近的影响，地理在隐性知识的流动中扮演着重要角色，因为隐性知识需要面对面地进行互动与交流。由于地理邻近，技术邻近也在知识的流动中起到重要作用。因为分享相似技术的企业更有可能理解相似的编码，从而在相似的领域进行创新。

知识溢出（Knowledge Spillover）有主动的溢出也有非主动的溢出，本章主要关注知识的非主动溢出。非主动溢出是指在一定的社会环境中，企业或机构的一种非目标行为结构，知识接受者获取外部知识，却没有给予知识的提供者以补偿，或者给予的补偿小于知识创造成本的现象，是知识扩散过程中外部性的表现。

直到20世纪70年代晚期，知识溢出才受到关注。当高技术部门和知识密集型产业快速扩张时，人们开始关注知识以及知识是如何在经济体中进行流动。知识在私人或公共部门之间进行流动，人们更多地关注知识溢出的度量尺度。人们发现专利的引用具有很强的地理邻近性。Mansfield（1995）通过调查7大产业的66家企业以及200余位研究者，得知被调查企业中，把大学当作企业研究的贡献者的比例与引用大学专利的频率紧密相关。他还发现企业资助100英里以内的大学的可能性比1000英里以上的大学要大得多。在私人部门，知识溢出来自于企业之间尤其是相关联的企业之间信息的共享，依赖公共知识池（Knowledge Pool）。研发活动是企业间知识流动的常见的源头。一个区域，当研发活动的集聚度提高，知识可获得性也会提高。Feldman and Audretsch（1999）通过检测1982年美国大都市区域创新集中度，发现具有共同的科学基础的相关联企业倾向于地理集聚以促进创新活动，仅仅4%的创新不是发生在大都市区域。

二、知识溢出与网络的关系

知识溢出是企业结网的动力之一。知识溢出是知识的非自愿外溢，尤其是指隐性知识的溢出，可以促进网络中的企业与机构提高自身水平，增强竞争能力，是经济外部性的一种表现。知识共享、知识溢出在企业网络，尤其是在中小型企业结成的网络中起着关键作用。很多证据表明（Easterby－Smith，Lyles and Tsang，2008；Ibrahim and Fallah，2005；Malmberg and Power，2005）知识在本地网络中发挥着重要的作用。Owen－

Smith and Powell（2004）认为知识在网络中的不同行动者之间进行流动，行动者之所以要加入网络，是因为网络可以促使知识流动，知识流动反过来影响绩效。但中小企业也面临困境，由于缺乏吸收知识的能力，也并不一定能很好地利用本地网络中的知识。

不同网络知识溢出有别。企业网络可以分为正式网络与非正式网络。正式网络是指企业在创造价值活动中，有策略地选择与其他企业或行为主体结成的长期稳定的关系，包括市场交易网络、研发网络以及服务网络等。非正式网络是指企业在创造价值活动中，与其他企业或行为主体基于共同的社会文化背景所形成的各种社会关系网络。这种关系通常是在非正式交流和接触中、基于彼此信任基础上建立起来的。非正式网络更能有效地传递隐性的、非编码的知识。曹洋（2008）通过对国家级高新技术园区的创新网络进行研究，认为正式合作网络与非正式合作网络之间并没有严格的区分，两者是相伴而生的。正式合作网络中包含各种非正式合作网络联结，非正式合作网络中也由于工作和生产上的需要，存在各种正式合作网络链接（见图3.5）。

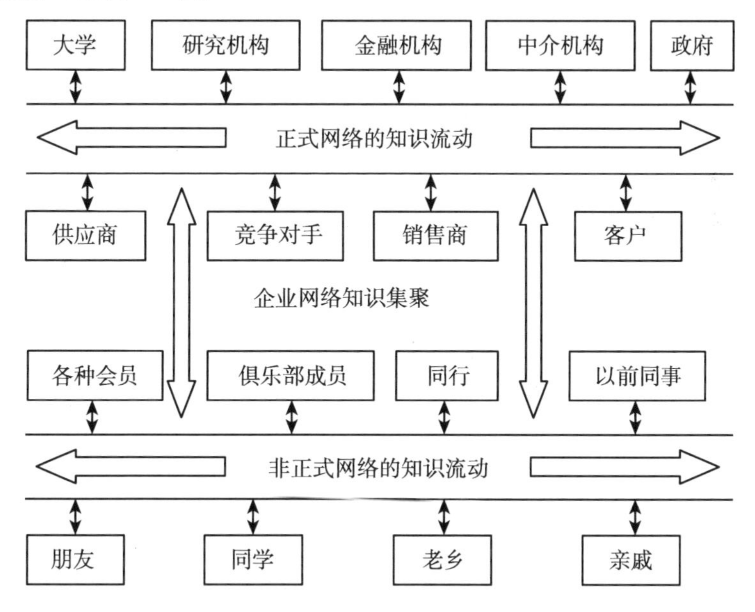

图3.5　正式网络和非正式网络的知识流动

资料来源：曹洋（2008）.

知识溢出与本地网络的关系。一般认为，在企业网络中，非冗余关系越多，就会有越多的新知识进入到网络。高度根植性（Embeddeness）（深深嵌入社会关系之中）的地方网络往往冗余知识较多，不太利于新知识的进入。但在高度根植性的网络中，隐性知识较易流动与传播。在本地网络中，需要企业与其他企业、机构要进行更广泛的互动，以让企业有更好的机会去吸收新知识。企业与很多的客户、供应商发生关系，企业获取新知识的机会就会增大。在一个开放的、低度根植性的网络中，企业比较容易获取显性知识。

知识溢出与网络联系的强弱关系。非正式网络联系有强弱之分。一般认为，知识在强联系的非正式网络中更容易流动和获取。但由于联系过于频繁，使得彼此之间的冗余知识过多。弱联系中，由于彼此联系较少，获取的知识较新颖，但由于彼此缺乏信任基础，知识在这样的网络中流动相对较难发生，网络基础不够稳固。

第四章

工业设计业合作网络的影响因子与结构

第一节 工业设计业特征

一、工业设计业具有高知识性与高附加值

工业设计业属创意产业范畴，具有高知识性、高附加值特征，处于价值链的高端。英国是最早提出创意产业概念的国家，在其给出的创意产业范畴中，就将各类设计纳入创意产业范畴。厉无畏（2006）认为创意产业是以创意为产品内容，利用符号意义创造产品价值，创意知识产权应受到保护。工业设计业具有高知识性、高附加值特征。工业设计通过创造性思维，在以技术为支撑的功能、内容和人的生存需求功能之间寻找一个合适的切入点，提出解决需求的方法并予以实现；把产品置于“人—产品—社会—环境”系统中，全面而系统地考察产品的构成；不仅考虑到产品物质功能的设计，还考虑到产品其他功能的设计；承担着创造产品附加值的重任，通过优良的设计使产品具备更丰富、更深刻的文化内涵，通过设计肯定人的个性，激发人的情感，这些都能创造出十分可观的产品附加值。

随着人们需求的不断提高，消费者不仅关注产品的实用功能和外观，

也关注产品所包含的特殊意义，产品意义能够增加产品的附加值，愉悦用户的情感和社会文化需要。所以，Verganti 认为设计与技术和市场一样，都是驱动创新的重要动力。产品功能的改造是由技术驱动，而产品语义的突破是设计驱动的，功能和语义构成了互补的二维创新维度。Verganti 对此采用了二维图的方式予以阐述：横坐标代表产品语义的创新度，而纵坐标代表产品功能的创新度（见图 4.1）。语义创新的突破有三个阶段：社会文化演化趋势的接纳，产品语言和意义的重大改变，新产品语言和意义的产生；功能创新则包括三个阶段：渐进式改进、突破式改进和新产品的诞生。

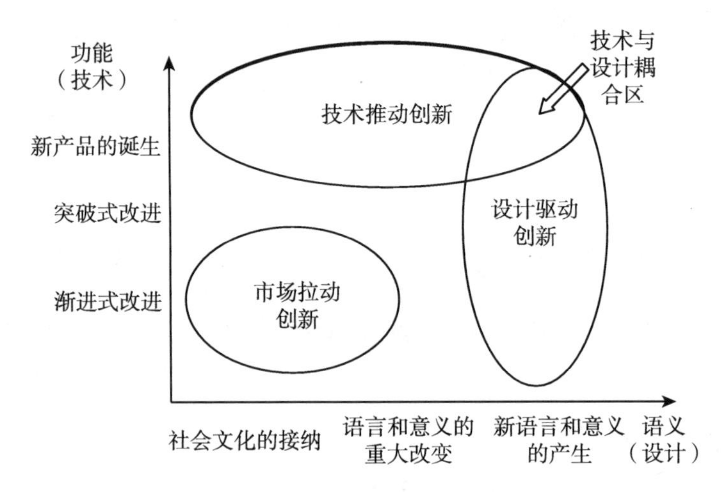

图 4.1　产品功能和语义创新程度

资料来源：Verganti R.

1992 年，实业家、中国台湾宏基集团创办人施振荣先生提出著名的“微笑曲线”理论，认为：在当今世界的产业链中，研发（采购与设计）、生产（组装与加工）、营销（品牌与金融）诸环节的附加值曲线呈现两端高中间低的形态，大体呈“U”形的弧线，因如同一个人微笑时上翘的嘴唇形状而得名“微笑曲线”（见图 4.2）。很显然，设计处于产业链的高附加值环节。

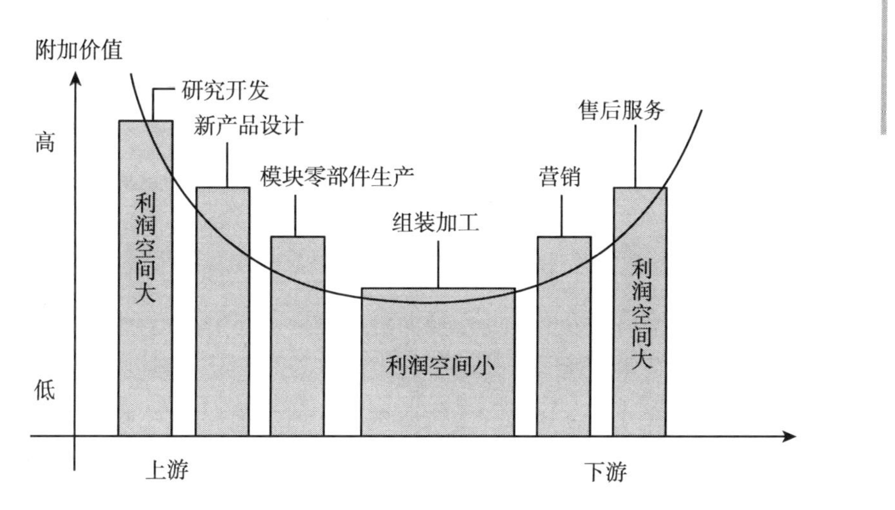

图 4.2　微笑曲线

资料来源：施振荣.

30 年前，美国哈佛大学教授海斯曾说未来企业的发展要靠设计来竞争。曾有调查发现：美国企业每增加 1 美元的设计投入，销售收入将随之增加 2500美元。对一些全年销售额度大的大企业，设计的驱动作用就更大，设计投入每增加 1 美元，销售收入将增加到 4000 美元。日本日立公司依靠设计优势获得成功，在每增加 1000 日元的销售额中，设计所起的作用约占 51%。

Yusuf（2005）认为，“创意（creativity）”并不一定就是指技术上的大突破、革新，而更注重各方面的融合以及个体才能、创造力对社会及发展的作用，如将现有的科学技术与文化艺术进行融合，创造出新的商业价值，这同样是创意。所以，应重视将设计与商业价值进行融合，重视个体才能与创造力对社会经济发展的作用。我国较早研究创意产业的专家厉无畏先生曾指出设计可以将色彩、结构、造型等要素进行融合，设计出既能调节人们心情、满足人体舒适感，又能给人丰富想象的产品。哪怕是日常生活中的传统产品垃圾桶，也可以通过造型、色彩、结构的改变，给人提供很多新的感觉，从而成为一个新产品。

2010 年 4 月，清华大学教授柳冠中在一次演讲中曾说：工业设计处于产业价值链最具有增值潜力的环节，工业设计业的发展是展现一个现代文明程度、创新能力和综合国力的标志之一；在未来的经济发展中，设计将成为驱动创新的主流力量。

三星、苹果、飞利浦、联想等因设计而崛起的企业案例更是很好地说明了工业设计的高附加值特征。这些企业的成功不仅源于高超的技术学习和市场研究能力，也源于高超的设计能力，尤其重视在设计过程中对社会文化的挖掘。如苹果从IPOD开始的每一款产品都包含有卓越的设计创新能力，谷歌高效的搜索引擎在于其简单实用的页面。韩国三星集团十几年前还是一个以制造消费类电器的二流品牌企业，后来毅然转向设计，成长为世界知名跨国企业。强大设计创新能力可以通过创造性地组合现存技术元素、市场需求和社会文化元素来形成创新性的产品解决方案，不仅可以实现文化、技术和市场需求浑然一体的新产品，也形成了新产品的产品标准，吸引众多合作企业和配套企业的追随，最终形成了庞大的产业链。

80年以前，飞利浦只有一个很小的负责广告的设计部门。如今的飞利浦设计部门是拥有450多位专业人员的国际性设计组织，在这些专业人员里面不仅有从事传统设计的设计师，还有许多诸如人机工程、趋势研究、人类学、社会学、心理学等人文科学方面的专家。他们来自35个不同的国家地区并在7个国家的12个工作室中工作。

联想公司是我国最早引进创新设计理念的企业，早在1996年就将工业设计企业引入到产品开发中。联想副总裁贺志强认为，工业设计最基本的目的就是通过设计表达实现技术价值的最大化，实现技术对用户价值的最大化，这是设计最科学的地方。2000年，联想率先成立工业设计中心。2005年，联想又将工业设计中心更名为内涵更为丰富的创新设计中心（Innovation Design Center，IDC）。工业设计给联想带来吸引眼球的产品造型、带来全面入微的用户研究、品牌形象以及国际对中国工业设计的认可。联想的品牌价值得到很好的实现，使得联想在市场竞争中的领先地位更加坚固。

二、工业设计业属知识密集型服务业

工业设计业属知识密集型的生产性服务业范畴，融于国民经济各产业之间，尤其是与制造业紧密相关。生产性服务是指那些被其他商品和服务的生产者用作中间投入的服务。而生产性服务业则指生产性服务企业的集合体。从外延角度看，生产性服务包括：资源分配和流通相关的活动（如金融业、猎头、培训等）；产品和流程的设计及与创新相关的活动（如研发、设计、工程等）；与生产组织和管理本身相关的活动（如信息咨询、信息处理、财务、法律服务等）；与生产本身相关的活动（如质量控制、维持运转、后勤等）；与产品的推广和配销相关的活动（如运输、市场营销、广告等）（见图4.3）。

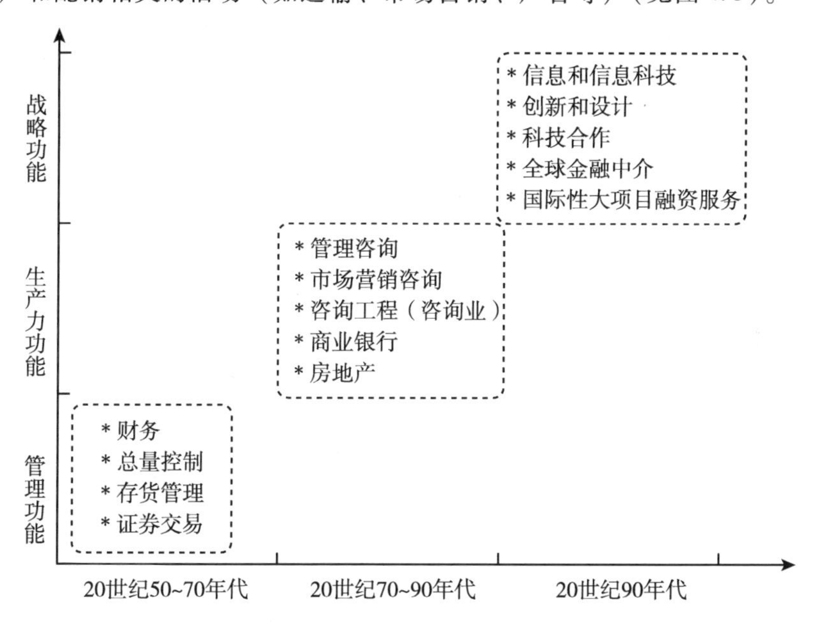

图4.3 生产性服务在先进的生产系统中角色的演变

资料来源：根据李江帆，毕斗斗（2004）绘制.

Muller和Zellker（2001）认为知识密集型服务业需要与客户进行深入的交流，为客户提供的产品并不是标准化的产品。他们通过交流，获取大量隐性知识，深入理解客户企业的需求，再设计个性化产品。Hermelin（2001）认为拥有专业技能的人才是知识密集型企业的关键，强调与私人或者公共研发部门的合作的重要性等。Lewendahl（2000）认为知识密集型服务业需要专家和实践知识。

工业设计业将专业化的智力劳动和知识资本引入制造业，加速第二、第三产业融合发展。工业设计业的产出是中间服务而非最终服务，是把大量知识资本引入到商品和服务的生产过程，符合知识密集型生产性服务业特征。

国内外学者对知识密集型服务业（Knowledge Intensive Business Service,

KIBS）与制造业之间的关系进行过相关研究。Windrum 和 Tomlinson（1999）通过研究认为，KIBS 为客户提供服务的过程是一个双边互动学习过程，所提供的服务在内容和质量上很大程度取决于服务提供者（KIBS）和客户企业之间的联系方式（见图 4.4）。Muller 和 Zenker（2001）认为，在整个创新系统中，KIBS 主要充当知识的生产者和传播者，它可以提高制造业创新能力并得到自身创新的激励。张晓欣（2010）认为，知识密集型服务业的发展能提升制造业的知识技术含量，深化制造业分工，有利于制造业企业向价值链的高端延伸、实现产业升级。Miles（2003）认为，知识密集型服务业的成长、创新过程也就是与客户企业交互学习和相互作用的复杂知识转移过程。

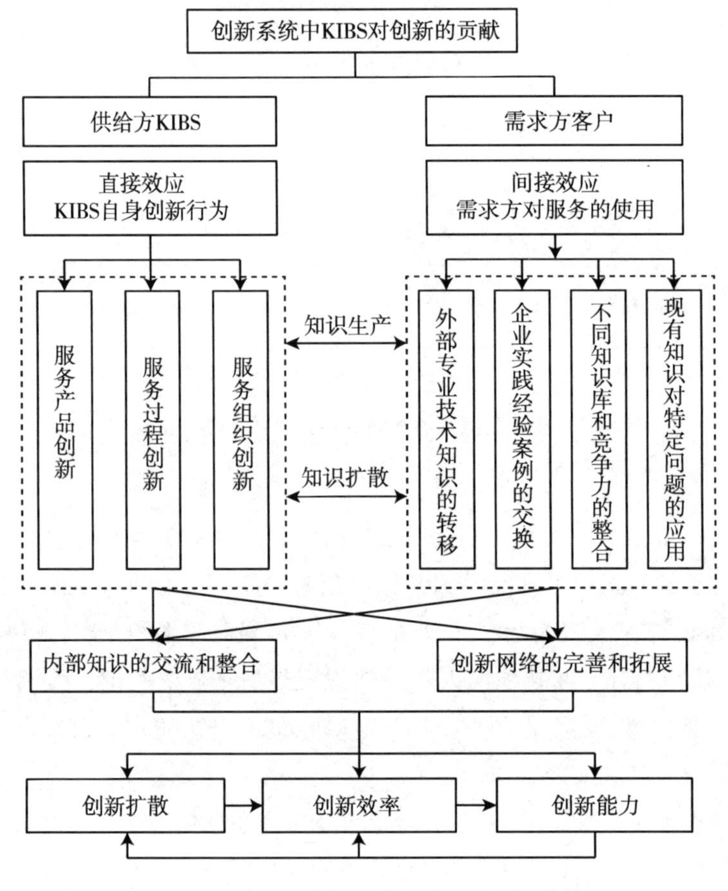

图 4.4　KIBS 对创新系统的作用机制概念模型

资料来源：时省（2013）.

“这是一个典型的现代服务业模式，围绕现代制造业提供服务的解决方案模式。全产业链介入，我们的客户包括Panasonic、KONE、Rapid、Intel、3M、华为、美的、九阳等国内外知名品牌。”

——上海LY工业设计公司总监

三、工业设计企业一般规模小

世界各个国家和地区对中小企业的界定标准各不相同，但大部分国家将500人以下的企业视为中小企业，50~100人的企业视为小企业，50人以下的视为微小型企业。创新型小企业一般是指以技术创新和管理创新保持竞争力，且在新产品开发、专利、品牌和技术创新等方面收益突出的小规模企业。在变革迅速和竞争日益激烈的全球市场下，中小企业作为国民经济的重要力量，已经成为经济增长和技术创新的关键引擎。不同于规模大的传统产业，以知识和创意阶层作为主要生产要素的创意企业规模一般较小。随着技术创新走向复杂化和协同化，工业设计业除了隶属于大型企业的设计中心外，大部分企业都是自主创业型的小微型企业或是工作室。一般情况下，小微企业因其规模小、融资困难、资源获取难等约束因素，难以独立进行技术创新，需要与其他各种组织建立多维联系，形成协同合作网络，以促进技术溢出和知识共享。

国内的工业设计业大部分起步较晚、规模较小。根据朱华晟（2012）对北京工业设计企业所做的调研可知，北京的工业设计业多数企业处于初创期，成立时间不足5年；企业人数规模小，超过50人的企业数量很少，大部分企业人数在10~49人之间，甚至有不少企业员工数小于10人；设计业务的范围广，涉及多个领域的产品设计。另根据深圳工业设计协会调查（2013年），深圳目前专业工业设计公司75%为小企业，年营业额在100万元以下；公司人数在20人以下的占75%，人数在20~50人的占22.5%，仅2.5%的公司人数超过50人。由这些企业组成的创意产业集群规模也较小。如上海，92%的创意园区面积不足5万平方米（见表4.1）。

这些小型的设计企业从事小批量和多品种生产，以满足客户需求为主要目标，属于后福特制生产范畴，采用柔性自动化机器设备，生产少量、差异性产品。与福特制生产对比起来，区别较大。

表 4.1　　上海部分创意产业园区面积一览

产业园名称	地址	项目占地面积
上海国际工业设计中心	逸仙路 3000 号	20100 平方米
田子坊	泰康路 210 弄	20000 余平方米
创意仓库	光复路 181 号	20000 余平方米
昂立设计创意园	四平路 1188 号	30000 余平方米
M50	莫干山路 50 号	23700 余平方米
天山软件园	天山路 641 号	25000 余平方米
乐山软件园	乐山路 33 号	20000 余平方米
虹桥软件园	虹桥路 333 号	14000 余平方米
传媒文化园	昌平路 1000 号	12700 余平方米
8 号桥	建国中路 10 号	20000 余平方米
卓维 700	黄陂南路 700 号	13450 平方米
时尚产业园	天山路 1718 号	6391 平方米
周家桥	万航渡路 2453 号	12000 余平方米
设计工厂	虹漕南路 9 号	约 10000 平方米
同乐坊	余姚路 60 号	20000 平方米
静安现代产业园	昌平路 68 号	14000 余平方米
工业设计园	共和新路 3201 号	10000 余平方米
张江文化科技创意产业基地	张江路 69 号	100000 余平方米
旅游纪念品产业发展中心	人民路 600 号	35000 平方米
2577 创意大院	龙华路 2577 号	40000 平方米
尚建园	宜山路 407 号	33600 平方米
尚街 LOFT	嘉善路 508 号	32460 平方米
X2 数码徐汇	茶陵北路 20 号	13000 平方米
合金工厂	闸北区灵石路 695 号	60163 平方米

续表

产业园名称	地址	项目占地面积
天地园	中江路879弄	20000平方米
车博会	唐家弄路35号	13000平方米
海上海	飞虹路600弄	90000平方米
东纺谷	上海平凉路988号	8000平方米
旅游纪念品设计大厦	傅家街65号	约10000平方米

资料来源：方田红：《上海工业设计企业调研资料汇编》，华东理工大学，2014.7.

学者普遍认为中小企业是创新网络中的主体。中小企业容易形成集聚，共享公共基础设施，以横向一体化或纵向一体化组织生产，具有很大的灵活性，大大降低了生产成本。国外对中小企业创新网络的重视较早，成功的案例也较多，如硅谷。硅谷内企业大多是中小企业，在组织形式上相当分散，在地域内集中分布，相互合作和竞争发展，引发企业数量爆炸性衍生发展，形成了著名的“硅谷现象”（见表4.2）。

表4.2　　　　小业主型企业特征

所有权	管理团队	管理风格	领导能力	研究开发与创新	外包	目标市场
创始人和合伙人私有	任何年龄；有商业头脑，有经验更好	试错，从经验中学习；个人的而不是有组织；专业管理技能并不是第一位；面向本地或社区，而非全国性或全球性的；谨慎，尽可能回避风险，稳定的现金流和稳定的增长最重要	强调做生意是“一种生活方式”。重视紧密关系的维持。以榜样来领导；鼓励合作。期望小而实在的成功	为保住业务、保持竞争力并改进产品服务而进行不断地努力，业主负责改进产品供应并发展新业务。产品开发周期长，用于创新的资源有限，没有技术资产积累	在正常的商业流程中发展起来一些外包关系，但一般不是核心战略。有进取心的业主会试图通过参加地方活动和全国活动扩展网络	初期阶段在本地；或希望扩大到区域或全国水平；在既有的市场与现有产品竞争。在特定行业主要关注成本与服务

资料来源：根据李钟文（2002）整理所得.

四、工业设计业在空间分布上爱“扎堆”

创意产业的发展历来有“扎堆”发展的特征，在大都市地区表现出明显的集聚性，这种集聚能让企业获得集聚效益、建立网络关系，并能吸引大量高技能的人才（Zukin，1995；Scott，1997，2004；Kloosterman，2004）（见表4.3）。

表4.3　　欧洲部分城市由工业遗产发展起来的创意集聚区

城市	曼彻斯特	阿姆斯特丹	巴塞罗那	赫尔辛基	慕尼黑	莱比锡	伯明翰
具有波希米亚风情的区域名	卡斯特尔和北季	19世纪发展起来的内城以及旧港口	拉瓦尔和埃克萨潘区的部分地区；格拉西亚	卡利奥，坎皮和电线电缆厂	多马克	普拉格维茨的纺织工业区；康内维茨	珠宝区和蛋奶工厂区

资料来源：方田红（2015）.

工业设计企业呈现出向独特物理空间集聚的态势。不少学者认为创意人才要求特别的居住和就业环境来开展创意活动。他们偏好大都市的旧仓库、旧工厂和内城的贫民区。这种特别的居住和就业环境通常被称为“波西米亚”（bohemian）情境。典型的有美国纽约的苏荷地区、英国伦敦的泰德现代艺术馆、柏林哈克欣区、北京的798等。上海依托工业遗产或内城老街区发展起来的创意产业园区也较多，如M50、八号桥等，这些地方有一定的历史沉淀，具有某种文化内涵，对创意工作者有特别的吸引力。老厂房、旧仓库再加现代元素，成就萌发创意的独特的环境和氛围。

O'Connor（2006）认为城市中特定地区对创意产业特别有吸引力。哈顿（Hutton，2004）认为内城可以为创意产业提供以下四个方面的便利：（1）建筑便利，特别的古建筑和有特色的建筑结构可以提供工作空间；（2）环境便利，小公园、广场等空间提供社交的机会，促成了内城创意经济的发展；（3）制度厚度的便利，周边地区的艺术学院，时装设计学校，艺术家和手工业者专业培训机构，非政府组织、社区组织等公共机构，增加了制度厚度，增强了学习、交往上的便利；（4）文化便利，画廊、博物馆、展览馆和历史遗迹可以提供“知识的空间集中”。当然也有学者认为内城并不是创意产业集聚的唯一环境，郊区也同样可以发展创意产业（见表4.4）。

表4.4　我国主要工业设计园区

地名	具体园区
深圳	深圳设计之都创意产业园、深圳F518时尚创意园、深圳设计产业园
北京	北京DRC工业设计创意产业基地、国家新媒体产业基地、751时尚设计广场、北京尚8文化创意产业园
上海	上海市8号桥设计创意园、上海国际工业设计中心、上海国际设计交流中心
广州	广州设计港、广州创意大道、信义会馆
重庆	五里店工业设计中心
厦门	厦门G3创意空间
无锡	无锡（国家）工业设计园
南京	南京模范路科技创新园区、南京紫东国际创意园
太仓	太仓LOFT工业设计园
宁波	宁波和丰创意广场
顺德	广东顺德工业设计园
山东	青岛创意100产业园
浙江	绍兴轻纺城名师创意园、富阳银湖科创园、杭州经纬国际创意广场、杭州和达创意设计园
成都	成都红星路35号工业设计示范园
河南	郑州金水文化创意园

资料来源：根据中国工业设计协会网站信息整理（2013年）.

我国北京以及珠三角、长三角内一些城市已经出现了具有一定规模的工业设计集聚区。北京DRC（创意资源中心）是国内首个由政府引导建立的工业设计园区，是利用原邮电部电话设备厂旧厂房进行改造、由北京市科学技术委员会与北京市西城区人民政府共同建设、北京工业设计促进中心指导形成的园区。园区位于北京市西城区的德胜科技园，毗邻北京北二环。园区地理位置优越，周边汇集了大量设计院所及科研单位，为产、学、研合作提供了得天独厚的优势。

广东工业设计业发展在全国处于领先地位，主要表现在：第一，拥有500家以上工业设计专业设计服务机构，占全国数量的2/3；第二，产品制造企业配备设计部门的数量全国第一；第三，拥有全国最多的以工业设计为题材的上市公司；第四，工业设计从业人员达6万人；第五，拥有最多的地方性行业协会组织；第六，政府主导的工业设计专业活动频繁；第七，深圳是全国第一个获联合国教科文组织授予的“设计之都”的城市。广东工业设计业在空间上形成多个集聚区。依托香港，粤港设计业走廊已具规模。广东制造业密集的几个城市均有工业设计业集聚区的分布。

（1）广州工业设计业集聚区主要有：设计谷工业设计园区、越秀区创意大道、荔湾区设计港、各类高等院校产学研机构。广州市工业设计促进会、广州国际设计周、广州国际家具博览会暨设计大赛，这些都积极促进了工业设计业的发展。

（2）深圳工业设计业集聚区主要有：田面“设计之都”工业设计园区、南山“深圳设计产业园区”、宝安“F518”时尚创意产业园区。同时深圳拥有多个相关的协会组织，如深圳设计联合会、深圳工业设计行业协会、工业设计师“深圳公社”；同时，每年举办的深圳国际家具展暨设计大赛、深圳“创意十二月”，也在为工业设计业的发展提供契机。

（3）佛山工业设计业集聚区有：广东工业设计城（顺德）、佛山创意产业园、大良创意产业园（顺德）、广东工业设计培训学院（南海）、狮山工业设计园（南海）。另外，佛山还有多家研究所，如工业设计业研究、华南家具研究院；同时拥有工业设计协会，每年举办顺德工业设计博览会暨工业设计大赛。

这些工业设计业园区都以致力于以工业设计产业为核心，串联工业设计产业链的上下游，并为其提供高端增值服务的现代服务；努力打造一个集交易服务、金融服务、成果转化服务、人才引进和培训服务、共性技术研发以及品牌推介服务为一体的公共服务平台，成为将创新成果产业化的基地。

从空间集聚动力来看，工业设计业受隐性知识溢出效益驱动，跨行业集聚特征明显。创意（设计）产业的集聚往往不是某一个行业，而是由不同的行业研发、设计、甚至是单个艺术家以及艺术家工作室组成的。它们集聚在一起，虽然难以获得同一产业价值链上的知识共享与交流，但不同行业知识的多样性与异质性带来集群内创意元素的丰富，从而促进创意集群的发展。一个园区内，企业间彼此是邻居，有可能在同一家餐厅吃饭，同参加一个俱乐部，频繁的人际接触与交流也增加了经营的“透明度”，行业的秘密不再是秘密，多种知识、创意交织在一起，形成良好的创意氛围，有可能是马歇尔所说的“空气中弥漫着产业气味”（马歇尔，1964）。从事创意设计工作的人在园区半工作场所氛围中工作、交流，更容易达到理想的工作状态，产生新的创意，导致隐性知识大量溢出。小微型创意企业的成长有赖于创意创新、扶持政策、人才支撑和成长环境等要素资源条件的优化，更趋向于集聚而居，以获取更多的便利条件与硬软件支持（见图 4.5）。

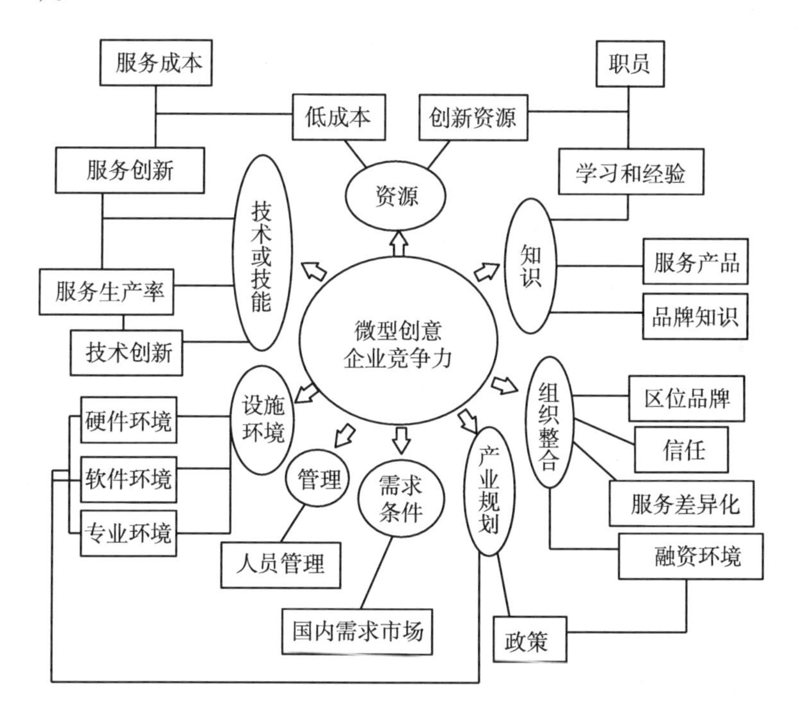

图 4.5　微型创意企业竞争力提升支撑体系构成

资料来源：王文科（2012）.

第二节

工业设计业发展影响因子

全球的工业设计是以工业化社会为背景产生的，孕育于18世纪60年代工业革命开始后的英国，诞生于20世纪20年代的德国，至今已有150多年历史。从全球工业设计业发展历程来看，工业设计业的发展受多种因素的影响，包括制造业发展、升级的推动、设计人才、设计教育、创新环境、协会组织与政府的推动等。

一、制造业基础

工业设计不同于手工艺设计，离不开工业的发展，它是20世纪初工业化社会的产物。工业革命时期，人们发现很多问题源自结构性，这种困扰使人思考是否可从源头设计着手加以解决，工业设计业应运而生（见表4.5）。

表4.5　现代机械化生产与传统手工艺生产的对比

生产方式	传统手工艺生产	现代机械化生产
技术特点	强调手工技艺和经验积累	强调对科学技术的应用与改进
经营形式	以家庭为单位的个体经营与合作	以企业为单位的经营与合作
生产规模	小规模生产	大批量生产
产品特点	具有不重复和不稳定性	同批次的产品质量和形态相同
设计分工	设计、生产和销售可由匠人完成	由设计师完成且分工明确
数量与质量	手工艺者根据销量和经验控制	由生产商依据市场和技术所控制

资料来源：本研究根据相关资料整理.

1. 制造业发展阶段影响工业设计业发展阶段

洪华（2005）将工业设计业发展历程划分为以下三个阶段：

（1）生产型工业设计，与原配件生产（OEM）相对应。这个阶段，设计与生产紧密结合。核心业务是做产品造型设计；优化产品结构和降低生产成本是设计的主要目的。

（2）营销型工业设计，不仅仅关注产品设计，而是将设计与市场营销结合起来，工业设计也因此成为整合营销传播的一个环节。工业设计更加重视顾客需求，设计前要进行深入的市场调研。设计部门要注重融合各种资源，要重视合作网络的建立。

（3）管理型工业设计，与原创品牌管理（OBM）相对应。这个阶段，设计成为企业管理的一部分。企业不仅关注产品本身、市场，更关注自家产品的形象识别、品牌个性等。设计范畴进一步延伸，从有形产品延伸到无形产品（如服务设计、品牌设计、形象设计、体验设计等），对资源融合、合作网络提出新的要求。

以上阶段的划分没有明显的时间界限，三个阶段并不严格按照时间先后顺序交替出现。在现实中，三个阶段有可能并存于同一历史时段。如在我国目前，生产型工业设计、营销型工业设计、品牌型工业设计都有其市场需求，但总的是以生产型工业设计为主，这与我国整个制造业尚处于全球价值链低端有关（见表4.6）。

表4.6　　　　工业设计业发展的三个阶段

发展阶段	核心业务	合作网络
生产型工业设计阶段	产品造型	设计师个人
营销型工业设计阶段	设计调研、产品造型、概念设计、品牌设计、配合企业开展市场营销	融合各种资源，注重合作
管理型工业设计阶段	设计调研、产品造型、概念设计、品牌设计、服务设计、商业模式设计等	融合各种资源，合作网络进一步扩大

资料来源：本研究根据洪华（2005）整理.

2. 工业设计业发展促进制造业升级发展

（1）德国：1870年普法战争以后，德国致力于工业的发展，走过了一段从模仿到创新的道路。德国当初大量仿制英国的机器产品，引起了英国厂商的不满。到19世纪80年代，德国制造的“山寨产品”遭到英国的抵制，致使德国产品在国际出口和贸易上出现困难。为了改变德国工业产品的劣势，德国制造商改变发展策略，从一味简单的模仿到自主设计。经过近20年时间摸索和技术改进，德国工业产品一改过去那种质次和精度低的形象，取而代之的是质高和高精度的形象，“德国制造”脱颖而出。德国作为欧洲最大制造业国家和全球制造业强国，其制造企业享誉国际，在世界范围内被视为优良品质保证的“德国制造”，代表着创新、质量与技术领先。“德国制造”从模仿起家，起步阶段拷贝英国的造型、技术以及生产方式，但他们会把“拿来主义”的东西进行深入研究，再加上自己的创新，最后研制出更胜一筹的技术和产品。发明创造以及技术创新、产品创新是德国制造业发展的驱动力。制造业的发展给工业设计提出了高要求，促进了德国工业设计业的持续发展。

（2）日本：日本在20世纪70年代实现经济腾飞发展，经济实力能够与美国、欧洲经济相抗衡。松下幸之助（日本松下电器公司总裁）曾指出：工业设计的竞争是日本经济的出路。日本经济的腾飞发展同样离不开工业设计。国际经济界也一致认为：日本经济力＝设计力。

第二次世界大战后初期，日本致力于经济复苏、发展。战后的日本，物资极度贫乏，解决生存问题成为第一目标，对设计没有什么要求。产业界没有实力开展设计创新工作，只是简单地模仿发达国家的专利产品和科技成果。所以日本曾一度被冠以“小偷”“拷贝猫（copycat）”的绰号。随后爆发的朝鲜战争（1950年）给日本创造了军需品市场，有效地刺激了日本经济的发展。但当时仍然是技术落后、设备陈旧。日本政府意识到：日本地少人多，资源匮乏，只有好的设计、好的质量才是日本产品赢得国际市场的唯一途径，从此，日本致力于工业设计业的发展。20世纪80年代后期，日本经历了史上最严重的泡沫经济，经济陷入长期低迷中，制造业国际竞争力衰退，环境问题也日益严重，大型企业萎缩，中小企业成为日本经济重新站起的主力军。中小企业重视设计，把设计当作企业重要的资源，注重培养有能力的设计师。这一时期日本的支柱产业转为重化工业及节能性高附加值的加工组装、技术密集型等产业，工业技术水平居世界前列，“日本制造”誉满全球。当时工业设计与贸易出口是日本经济发展链条上的关键环节。20世纪末的亚洲金融危机之后，日本更加注重“设计竞争力”的提高，将其视为振兴日本经济的法宝。他们在策划、制定“太阳经济”的战略中，运用全新的设计理念，致力于开发设计智能建筑、地下城市、空间城市等全新工业设计系列项目，力争使日本的工业设计在未来的全球竞争中重新占领制高点（见表4.7）。

表4.7　日本工业设计业发展演化

发展阶段	发展特征
第二次世界大战初期模仿阶段	主要是模仿发达国家的专利产品和科技成果，曾一度被冠以“小偷”“拷贝猫（copycat）”的绰号，“日本制造”一词代表着质次价廉
导入前奏（1945～1950年）	举办各种活动提升民众对工业设计的兴趣，在民众中传播工业设计理念
导入阶段（1951～1960年）	成立日本工业设计协会（JIDA），重视设计教育，开设设计专业
设计发展阶段（20世纪60年代）	摈弃模仿，鼓励企业重视原创设计，奥运会与世博会举办促进工业设计的发展
成熟期（20世纪70～80年代）	产业结构调整，经历泡沫经济，大企业萎缩，重视设计的中小企业成为经济发展主力军
世界一流水平阶段（20世纪90年代）	日本工业设计不仅仅满足促进经济的发展，更致力于解决日本各种社会问题，向服务业转移

资料来源：方田红：《上海工业设计企业调研资料汇编》，华东理工大学，2014.7.

（3）中国：我国工业设计业的发展与经济发展紧密相关。旧中国工业水平落后，现代设计根本没有生存土壤，工业设计无从谈起。新中国成立后，仍没有工业设计概念，很少的设计教育主要侧重于工艺美术设计。改革开放后的10年时间里，我国少数发达地区一些大企业开始重视工业设计，但当时还没出现独立的设计公司。20世纪90年代，广东珠三角由于开放性政策以及邻近港澳，与国际接轨较早，一些企业开始进行了大量的设计实践，自主设计公司也成批出现，标志着中国新兴设计业出现了。随着中国经济的快速发展，工业设计业大规模扩张，主要表现在工业设计教育的扩大，以及独立的工业设计公司的增多。同时，工业设计的国际学术交流与合作日益频繁，一些国外知名设计公司或个人设计师开始进入中国，除了一些讲座和学术交流活动，也逐渐尝试展开实际的项目合作。但这一阶段工业设计在我国的影响还比较薄弱，设计的价值还没有被广泛接受，独立的商业性质的工业设计活动仍主要局限于少数沿海城市。

21 世纪初，随着我国人口红利、资源红利、能源红利等优势的逐渐减弱，我国低端制造业的发展优势也随之降低。我国更加认识到用人类的原创力来推动经济、社会与文化发展的重要性。这个时期，中国工业设计得到了快速发展。主要表现在：第一，设计类院校、设计专业毕业生、设计从业人员数量大幅度增长；第二，独立的设计公司、大企业的设立设计部门也逐渐增多。海尔、联想、美的等大企业因为重视工业设计而带来了很好的效益，迅速发展成为国际知名的品牌企业。这种模范作用也使得更多的企业越来越重视工业设计，这个时期，设计理念逐渐得到普及，设计产业的商业影响迅速扩大。

二、教育与人才

德国卓越的工业设计水平依赖于这个国家对工业设计教育的重视。从 19 世纪中叶开始，德国就开始积极探索新型的工业设计教育思想。包豪斯（Bauhaus，1919 年 4 月 1 日至 1933 年 7 月）是世界上第一所完全为发展现代设计教育而建立的学院，它的成立标志着现代设计的诞生。它创造了现代设计教育理念，在艺术教育理论与实践上取得无可比拟的成就。德国及时地抓住设计，将有限的经济、科学、技术和管理实力完全转化为商品，有力地推动了德国经济的发展。由于包豪斯精神为德国纳粹所不容，1933 年 8 月，包豪斯被永久关闭。学校解散后，包豪斯的很多成员把思想带到其他国家，尤其是美国。虽然包豪斯只有短短 14 年的历史，但它在现代设计教育系统的建立以及现代主义运动中所发挥的作用却是巨大的。德国另一影响重大的设计学院是 1953 年成立的乌尔姆设计学院（hochschule fuer gestaltung，Ulm），秉承包豪斯精神，是 20 世纪五六十年代世界上影响最大的设计学院，也是世界工业设计教育史上的又一个里程碑。除学院教育以外，德国还非常重视全民设计教育运动，旨在提高大众的设计审美水平和审美素养。

我国设计教育早于设计实践而发展，设计教育对于推动我国工业设计的萌芽、发展起到至关重要的作用。20 世纪 70 年代末，设计教育先于设计产业发展起来。我国学者从德国、日本学习带回了“工业设计”概念。很多大学积极筹建设计教育专业，如中央工艺美院、无锡轻工学院、湖南大学、广州美院等院校开办工业设计教育，为中国的工业设计培养出了第一代人才。在此期间，我国的工业设计协会组织业陆续成立，先后成立中国工业设计协会、中国机械工程学会工业设计分会和中国第一家专业工业设计公司。经过 10 多年的设计理念的传播，在 20 世纪 90 年代，我国工业设计专业经历了第一次发展。从工业设计专业毕业的学生进入实际的设计工作中，为我国设计业的进一步发展积蓄了人才与经验，也启发了政府和企业进一步认识工业设计，重视起工业设计。随后，我国各地政府也开始设立了工业设计中心、协会等机构，展开相关的组织活动。经过近 30 年发展，我国现有上千所高校、中等院校设有工业设计专业，每年工业设计毕业生超过 30 万人，为我国工业设计业的发展提供了人才基础。

三、创新环境

创新创业需要宽松的人才环境，包括多样化人才的自由流动和多元化的文化包容等。以硅谷为例，由于远离美国东部的政治、文化和经济中心（华盛顿、波士顿和纽约等），硅谷盛行善于创新、敢冒风险的价值观念。西部多元化的文化导致了硅谷的去中心化产业系统（decentralized industrial system），有助于培植出勇于尝试、冒险、创新为本质的新创企业。在硅谷，屡败屡战的精神被视为是可贵的，没有人会因为一次失败而对其做出一生的评价。投资者不害怕有风险的新主意，律师也比较熟悉创业的条款，企业家能从其他的创始人和顾问那里得到更多的支持。许多硅谷的技术人员和企业家认为：只要抓住机遇，勇于冒险，机会将会永存，即使失败了也没有什么关系。硅谷许多成功的企业家都经历过失败，一个成功的企业家失败的次数往往多于一般的失败者。

创新系统理论认为创新不仅仅由创新的行为主体决定，而且与创新主体周围的环境（制度、风俗习惯、法律、文化等因素）之间的关系互动和路径依赖有关，强调通过各个行为主体的相互联系以及与环境的有效整合，实现区域整体的创新和发展（见图 4.6）。

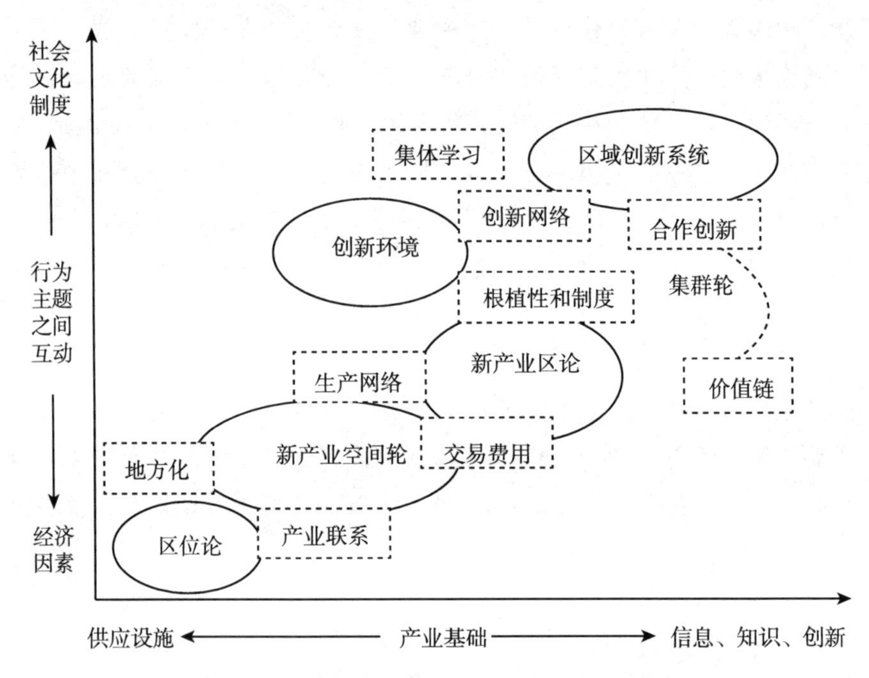

图 4.6　创新集聚理论的发展和演化

资料来源：韩剑（2007）.

1. 创新环境

创新环境（Innovation Milieu）最早是由欧洲创新环境研究小组（GRE-MI）为代表的区域经济研究学派提出，强调产业区内的创新主体和集体效率以及创新行为所产生的协同作用。根据欧洲创新环境研究小组的观点，可以把企业看成是环境的产物，把创新环境视为培育创新和创新性企业的场所。环境是创新所必需的，在环境中是否能够得到技术诀窍，地方性联系和地方性投入，是否接近市场，能否得到高素质劳动力，都是决定区域创新性的因素。企业要与其他企业、与培训中心、技术转移中心和地方权力机构一起，利用环境中的各种资源，联合产生新形式的本土化生产组织，创造有利于创新的环境。

学者们针对创意产业发展环境的研究提出了类似于创新环境的相关概念，如“创意场域（Creative field）”“创意情境（Creative milieu）”。司各特（Scott）把产业综合体内促进学习与创新效应的结构称为“创意场域”，“创意场域”是由包括基础设施和地方学校、大学、研究机构、设计中心等社会间接资本组成的网络。Landry（兰德瑞，2000）在论述创意城市的时候提出“创意情境”，认为创意情境包括“软”环境与“硬”环境。“硬”环境包括研究机构、教育设施、文化设施、会议场所等各种服务。“软”环境则由协会组织、社会网络、人际交往等构成，包括俱乐部、正规会议、非正式协会、风险投资机构等，是一种激发和鼓励个体与组织机构进行交流的系统。他认为创意情境是城市创意能力的核心所在。

2. 创意阶层与创意环境

工业设计是将功能与美感进行结合的创意活动。工业设计师将个人独特的天赋、才能和看法转换成新奇而又实用的产品。工业设计师属于创意阶层范畴，而创意阶层需要宽松的社会环境，这已被很多专家证实过，如佐金、兰德瑞对“阁楼”（Loft）居住而形成的特殊艺术区进行了研究，认为艺术家、音乐家和其他文化创意人才要求特别的居住和就业环境来开展创意产业的创意活动。这种特别的居住和就业环境通常被称为具有“波西米亚”风情的地方，一般是指在城市中处于比其他地方需要更进一步商业化和中产化发展的地方。大城市的旧工厂、旧厂房和内城等贫民区一般都具有这种“波西米亚”风情，受到创意阶层的青睐，逐渐发展成艺术集聚地。马库森（Markusen）论述了由起步阶段艺术家集聚形成的创意园区的发展演化规律。因为城市中旧工厂、贫民区低廉的房租，吸引一些贫困、未成名的艺术家集聚，逐步发展成为具有一定规模和影响的艺术家集聚地，随着这些地方名气越来越大，开始吸引知名的艺术家和富有的顾客等落户和光顾，逐步成为高消费时尚地区，进而引起房租的暴涨。这样，艺术集聚地将会发生空间扩散与转移，随着一些尚未成名的艺术家向周边其他地方迁移，原先宽松、自由、活跃的环境氛围发生变化，逐步失去对青年艺术家、小说家的吸引力（见表4.8）。

表 4.8　　创意阶层的属性、工作、消费与区位取向特征

项　目	内　　容
个人属性特征	（1）具有创意和创造力； （2）受教育水平普遍较高； （3）有一些共同的价值观和能力——尊重个性、崇尚竞争与实力；喜欢开放与多样的城市社会环境；具有修订规则、发现表面离散事件间内在联系的能力，注重自我价值的实现和自我认同
工作特征	（1）主要以团队形式进行创作——主要以集体互动和空间集聚实现； （2）注重工作的价值和弹性——不仅关心薪酬，还特别重视工作的意义、灵活性和安定性、同事的尊重，技术要求以及企业所在城市的生活条件等其他因素
消费特征	（1）崇尚多样性的文化消费； （2）注重参与式体验消费
区位取向特征	（1）对城市生活条件有较高的要求，良好的城市生活条件能够吸引创意阶层集聚； （2）往往趋向集聚于创意中心（creative centers）类的地方，如高科技产业中心，但主要因素是包容的社会文化氛围——开放、包容的多样性城市工作与生活环境，坚实的创新基础等； （3）Edward L Glacser（2004）认为创意阶层更趋向 3S（skills/sun/sprawl）地区；Allan Scott（2005/2006）认为城市就业结构、文化生活和物质外表方面吸引创意阶层，如更趋向集中在新经济的高端部分主导；博物馆、艺术画廊、音乐厅等文化设施丰富；而且地方劳动力市场与经济非常充分

资料来源：马仁锋（2011）.

美国著名城市经济学家卡内基—梅隆大学的 Florida（2003）认为创意阶层的出现影响到区域竞争优势。创意阶层包括科学家、工程师、建筑师、教育者、作家、艺术工作着和艺人。他们是新思想、新技术和新创意的创造者。Florida 认为具有 3T（Talent，Technology and Tolerance）的区域具有比较优势。传统的观念认为，要想提高一个地区的经济，就必须要吸引大公司，从而创造就业机会。但 Florid 认为，公司应选择在有人才的区域，人才本身也会带来新的企业和就业机会。他通过对 2000 份调查数据分析，发现创意指数越高的地区，越有创意的地区，越有竞争力。Florida 称创意型的和天才式的人都喜欢住在人口多样化和具有包容性氛围的城市里。他认为，目前最具吸引力的不是创意和知识密集型的企业，而是为这些企业工作的人才和能创建这样企业的人才。然而，一些地理学家和经济学家提出质疑（Markusen, 2006），认为 Florida 运用这个概念相当不严谨，通过提升软件环境来吸引创意阶层和鼓励经济增长的经验证据也是非常不具有说服力的。

一般认为创意阶层具备以下几个特征：第一，受教育水平普遍较高，具有创意和创造力。创意阶层大部分接受过高等教育，年龄较轻，充满激情和活力。一般是根据某一地区学士及以上学历的人数占总人口的比重来反映某一地区创意人力资源的状况。根据这一定义，Florida 推测，2002 年美国的创意阶层人数占劳动力市场的 30%。李振华（2008）在对上海创意阶层休闲消费的实证研究也证明，上海从事创意产业的人群中，本科学历占 81.5%，硕士占 17.3%，博士占 1.2%。创意阶层从事创造性工作，要经常有创新的想法、发明新技术。第二，创意阶层崇尚个性、喜欢开放与多样化的社会环境，注重自我价值的实现和自我认同。喜欢弹性工作制，在选择工作场所和工作时间上具有自主性。喜欢包容的社会环境。Firat（1998）认识到多样性对吸引创意阶层的重要性，他认为有魅力的城市不一定是大城市，但必须具有宽容性和多样性等国际化的气派，具有开放性、宽容性和多样性。Florida 在提出著名的“3T”理论中又增加了一个“T”（即 Territorial Assets，地域资产），于是就有了所谓的“4T”理论。而 Glaeser 提出的“3S”（即 Skill、Sun and Sprawl）理论也强调地点特质（Quality of Place）对于创意阶层的重要意义，如阳光地带（Sunbelt）是吸引创意阶层的一个重要因素。

随着全球经济和社会结构的调整，后福特主义经济的新模式正在崛起。人力资本，尤其是能处理大量信息以及能提出创新想法的人力资本已经超过金融资本、自然资源和劳动力资本。区域竞争优势已经从传统的硬件要素（如集聚经济、地价水平、办公场所的可得性、便利性、交通和技术设施、地方和国家税收体制等）转移到一些软件要素上（Bontje, 2009）。这些软件要素包括居住环境、对非传统生活方式的包容、种族的多样性（Florida, 2002）、充满活力的文化氛围和一些用作商业和休闲聚会的空间。

3. 知识产权的保护

知识产权是指人们对其在工业、科学、文学艺术等领域创造的以知识形态表现的成果依法应当享有的民事权利，包括在智力创造活动中产生的智力劳动成果权利以及在生产经营活动中产生的标示类成果权利。知识产权只有得到有效保护才具有促进创新、增加社会福利的作用。

经济学家霍金斯在他的《创意经济》著作中，把创意产业界定为：其产品都在知识产权法的保护范围内的经济部门。将知识产权分为4大类：专利、版权、商标和设计。工业设计业以创意设计为核心资源，其核心价值在于知识产权，完善知识产权制度是创意产业发展战略中务必率先解决的核心问题。从联合国以及一些发达国家和地区对创意产业的定义，也可以看出，创意产业的发展离不开知识产权的保护。没有知识产权保护体系，创意产业将面临任意仿制、随意复制的混乱局面。没有利益保障，也就没有了创意的动力，整个行业都将面临生存和发展的危机（见表4.9）。

表4.9　　部分国家、地区、国际组织对创意产业的定义

国际组织/国家（地区）	对创意产业的定义
联合国	结合创意的才华和先进技术的一系列基于知识的活动，其产出受知识产权的较大保障。创意产业生产和分销的产品和服务以文本、符号和图像为中心
英国/新西兰/新加坡/日本	源自个人创意、技巧及才华，通过知识产权的开发和运用，具有创造财富和就业潜力的行业
香港特别行政区	一组经济活动群组，开拓和利用创意、技术及知识产权以生产并分配具有社会及文化部意义的产品与服务，更渴望成为一个创造财富和就业的生产系统
台湾地区	源自创意或文化积累，通过智慧财产的形成与运用，具有创造财富与就业机会潜力，并促进整体生活环境提升的行业

资料来源：李殿伟，王宏达（2009）.

四、协会组织与政府

国外经验证明，中介组织在工业设计业发展中起着非常重要的桥梁作用。

1. 德国

1907年德国成立了欧洲第一个致力于探寻工业设计新风格的组织——德国工作联盟（Dcutscher Werkbund，DWB）。1953年德国设计协会（German Design Council）成立。这些组织的成立，担当工业设计业之间以及工业设计业与工业、商业之间的桥梁。

德意志工作联盟是由众多艺术家、建筑师、设计师、企业家和政治家组成的一个组织，致力于德国工业设计业的发展，其宗旨是通过艺术、工业和手工艺的结合，提高德国设计水平，设计出优良产品。这个组织的成立表明对工业的肯定和支持态度，作为具有官方政府机构的组织，也表明德国政府对设计的重视。联盟将设计界、企业界、商业界有机地联系在一起，有利于设计成果的实际应用，也有利于设计界找准市场需求。

2. 日本

日本的经济发展成就有目共睹，在第二次世界大战后短短50年间，日本不仅从战后的废墟中站了起来，而且成为世界上最有经济影响力的国家之一，经济实力居世界第二。日本的工业设计也从单纯的模仿成长为当今世界设计界中一支强有力的力量，日本设计有这种长足的发展，要归功于日本政府与各日本设计组织的密不可分的合作。

日本工业设计组织最早成立于1952年，日本设计协会的机能主要有三个设计组织分担：属于官方的全国性设计组织DESIGN TEAM（仅由3人组成，作为政府与设计行业沟通的桥梁）、位于东京的半官方的设计组织JIDPO日本工业设计促进会（主要工作内容是日本国内的设计推广和活动组织，G mark设计奖评选）与位于大阪的JDF国际设计交流会（主要工作内容为促进国际设计交流）。除了以上3个设计组织外，还有日本设计师协会（主要组织设计发展方向讨论）等11所设计组织。

日本工业设计促进协会50年间通过举办设计展览和活动逐渐在日本人民心目中建立起对工业设计的概念。1957年协会设立优良设计奖（G mark Award），40年的引导让日本企业了解到设计的重要性，对提高日本商品的国际竞争力作出了持久而有效的贡献。日本设计组织及时地对设计方向进行调整和引导，根据日本的国情推广无障碍设计和通用设计的理念，为建立日本舒适的高龄化社会做好准备。

就我们自身而言，协会有义务为企业搭建交流与合作的平台。从今年（2009年）开始，协会每个月都会举办对接会，将收集到的制造企业的需求，发布给可能合适的设计企业，有兴趣的企业可以来投标，协会和制造企业从中挑选出3~5家设计企业，企业只要入围，都会获得一定的报酬。同时，协会还会注意保护设计企业的知识产权。今年6月15~19日，协会与香港设计中心联合举办了深港设计创新周系列活动。9月，行业协会还将承办“粤港时尚生活东欧展”，明年2月举办的第二届国际工业设计节也在紧锣密鼓地筹备中。

——深圳工业设计协会秘书长

日本政府采取多项措施发展工业设计。早在20世纪50年代，日本政府立法限制对国外产品的设计盗用。日本在1986年制定简称《民活法》的法律，鼓励民间与地方政府合作投入地方设计的振兴，活络地方产业、培育设计人才。经济计划的制定也体现了日本政府对工业设计的重视，制定《日本设计政策手册》第一页就阐明了日本现行的设计发展方向，以作为全国及地方设计相关单位，执行的目标及资源分配的方向。

政府与设计业。政府以及相关部门为推进工业设计，制定和实施有关政策、法规，从中央到地方建立一系列工业设计及设计教育事业发展的机构、工业设计中心等。同时加大对工业设计的宣传与普及，举办国内外工业设计的展示活动。日本的设计展览和赛事很多，其中“国际设计双年展”和“大阪设计节”最有影响力，这些对提高和鼓励日本产品的质量和设计水平都起到了积极的促进作用；日本对优秀的工业设计师及为工业设计事业发展做出贡献的人员进行奖励，尽可能大地挖掘设计个人及集体的潜力。

工厂、企业以及社会上的设计部门所开展的设计业务是整个工业设计业的基础。大企业的产品设计部门在不少产品的设计制作中不只是单纯完成外观造型方面的开发任务，还把设计归到研发部门，把设计不仅仅当作一种增加附加值的工具，也将其作为技术革新产品的一个基本要素。

可以说日本的工业设计业取得的成就是企业、政府、协会组织（民众）共同协作的结果。各国设计产业的相关政策主体见表4.10，世界主要发达及发展中国家的工业设计宏观发展规划见表4.11。

表 4.10　各国设计产业的相关政策主体

国别	政策主体	国别	政策主体
中国	发改委	德国	IF 国际设计协会
	科技部		
	商务部		
	建设部		
	工信部		德国设计理事会
	中国工业设计协会及地方协会		
	北京工业设计中心		
	北京工业设计促进会		
美国	设计管理与促进的国际化公共组织	瑞典	瑞典贸工部—瑞典工业设计基金会
	企业设计基会（教育与研究机构）		瑞典工艺品与设计协会
英国	英国设计委员会	丹麦	国家设计政策由文化部、商务部、教育与研究部共同发布
	艺术与设计的高等委员会		
	设计商业协会—艺术委员会		
	设计与技术协会		
	皇家艺术协会		
	特许设计师协会		
	创意、设计与广告的全球慈善教育组织（D&AD）		
	英国设计技能联盟		
	威尔士、英格兰等区域设计推进组织		
芬兰	项目："Design2005!" 由芬兰工部、国家研究与开发基金、教育部、外事部与文化部等各学科背景的机构共同批准	澳大利亚	澳大利亚设计研究院（国家设计组织）各州理事会负责区域设计政策

资料来源：郭雯（2010）.

表 4.11　世界主要发达及发展中国家的工业设计宏观发展规划

国家	国家竞争力排名	设计竞争力排名	国家设计政策	主要关注领域
英国	12	13	英国国家设计战略（UK National Design Strategy：The Good Design Plan 2008 – 2011）	中小企业 国家品牌
荷兰	8	11	荷兰国家设计振兴政策（Netherlands National Design Programme 2005 – 2008）	设计规划 国际开发 基础设施
芬兰	6	8	芬兰国家设计振兴政策（Finland National Design Programme 2005）	设计教育 可持续发展 设计监督
日本	9	3	日本国家设计振兴政策（Japan National Design Programme 1993 – 2007）	国际设计交流 大众设计 利益基础设施
韩国	13	9	韩国国家设计振兴政策（Korea National Design Programme 1993 – 2007）	世界级设计师 本地创新 基础设施
新加坡	5	15	新加坡国家设计振兴政策（Singapore National Design Programme ）	亚洲品牌 设计文化
澳大利亚	14	6	澳大利亚国家设计振兴政策（Australia National Design Programme 2005）	设计意识 国际奖项 设计网络
印度	50	30	印度国家设计振兴政策（India National Design Programme）	从制造供应到设计供应

资料来源：转引自王晓红，于炜（2014）.

第三节

工业设计业合作网络结构

网络指的是各种关联，社会网络可以理解为各种社会关系所构成的结构。社会网络代表着一种结构关系，反映行动者之间的社会关系，其构成要素包括节点（行动者）（Nodes，Actors）和关系纽带（链接）（Relationalties，Linkages）（Wasserman and Faust，1994）。在以上两个概念的基础上，衍生出了点对（二人组）（Dyad）、三点结构（三人组）（Triad）、亚组（子群）（Subgroup）、组（群组）（Group）等网络概念。社会网络可以被抽象定义为有限节点集合和节点之间的关系。节点则可以被看作具有显著特征的一类群体，可以是同质的，也可以是异质的。本书尝试用社会网络分析框架来解析工业设计业合作网络的基本构成。

一、合作网络节点

工业设计业合作网络节点主要包括网络中的各个主体（Actor）：企业、大学/科研机构、中介机构、地方政府等。

1. 企业

企业是实施技术、创意商业化的主体。工业设计产业中的主导企业包括制造业内部的设计部门、独立的工业设计公司（工作室）。其上游企业包括提供市场调研/咨询、提供设计业务信息以及新材料供应的相关企业，下游服务企业包括模具/模型制作、测试/专业软件分析以及创意产品制作的企业和后期的设计服务营销的企业等。除了产业链上下游的企业以外，客户企业更是合作网络中的重要节点，尤其是在工业设计业中，接受客户企业的设计外包是其主要业务来源，客户企业的表现以及与客户企业交流的深浅将影响到工业设计业创新绩效。

2. 高校及科学研究部门

在知识经济时代，大学是社会经济系统的核心，扮演着知识与技能提供者的角色，为企业的创意发展提供人才与科技。美国学者佛罗里达

(Florida) 提出创意产业发展的"3T"原则，即"Talent""Technology""Tolerance"，强调了人才是创意产业发展的核心，大学在培养人才方面无疑发挥着最重要的作用。创意产业高度依赖知识，大学在创意产业集群发展过程中扮演了不可或缺的角色。如依赖斯坦福大学发展起来的硅谷以及依托昆士兰科技大学发展起来的 CIP（创意产业园区），都是产学研合作的良好典范。国内也出现了一些邻近大学发展起来的创意产业集聚区，如邻近同济大学发展起来的赤峰路建筑设计企业集聚，此区域的企业与同济大学有着千丝万缕的联系，有些是同济大学的老师出来创业的，有些是从同济大学毕业的学生出来创建的公司，还有很多企业通过项目与同济大学教师与学生进行合作；北京中央戏剧学院周边的北京南锣鼓巷文化创意街区、上海交通大学徐汇软件园、环东华大学的设计圈、上海师范大学创意工厂等创意产业集聚区相继出现都是大学知识溢出的有力佐证。在工业设计发展历程中，可以清晰地看到大学对其积极的推动作用，如包豪斯（Bauhaus）、乌尔姆等对现代设计及教育的影响是巨大而难以估量的，我国工业设计的发展最先也是从设计教育开始，一些工业设计学者从国外留学归来，开始在国内的一些高校开设工业设计专业。

3. 中介机构

网络中的中介机构主要包括金融、法律、会计、管理咨询、行业协会、各种俱乐部等。作为市场、企业和政府之间的桥梁和纽带，中介机构普遍被认为能起到积极正面的作用。中介机构的数量、类别和活动频繁程度会对区域内部的各种创新活动带来积极的影响。但不是所有的活动都是积极有效的，还需要进一步研究什么样的中介活动更容易被企业所接受，更有利于企业合作网络的构建。中介机构有可能成为合作网络的启动者。从事工业设计的企业大部分都是一些中小型的企业，这些企业更需要中介机构提供指导与扶持。这些中介机构也包含工业设计业集聚区管理方，一些园区管理方不满足于房东的角色，而是积极地为园区内的企业创造机会，帮助企业融资、做品牌推广、申请项目、招聘人才等。

4. 政府部门

政府部门的作用主要体现在制定区域政策和发展战略、提供公共物品上。区域定位和产业政策指向会直接影响当地的经济发展结构，而教育、科技等政策则对于构筑何种创新环境带来影响。从国外经验来看，由国家设立工业设计专门机构进行管理和规划是可行之策。英国、德国、日本以及韩国在国家工业化时期，政府都设立了专门的管理部门，如英国国家设计委员会、德国设计议会、日本设计促进厅和设计政策厅、韩国设计振兴院等政府职能部门，其主要职能是统一制定国家工业设计发展规划，进行行业管理和指导。政府的软实力将会对区域创意产业竞争力带来巨大作用。作为政府主导型国家，我国政府部门在产业发展中所起的作用就更为显著。我国政府对创意产业的重要性认识得较晚，所以我国创意产业及工业设计业发展起步也较晚，但从我国在“十一五”规划中明确提出“鼓励发展专业化的工业设计”以来，国内很多城市逐渐重视工业设计业的发展，如北京提出“创意设计产业塑造活力北京”，深圳提出“建设中国设计之都”，无锡提出“创立亚洲设计中心”，天津、广州、成都、宁波等地也在积极推动工业设计产业的发展，着手建立一批具有开创意义的工业设计产业园区，并取得了明显成效。政府的软实力还体现创意产业战略的制定与实施，以及大型公共设施（交通、通讯、供电、供水）和创意园区等公共物品建设上。

二、合作网络节点之间的链接

工业设计业合作网络中的链接包含了多个方面的关系。任何两个节点都可能构成一个点对，而点对之间的关系就形成了链接。网络节点的创新活动部分地取决于其与外部联系的种类与结构。如何确定并衡量这些外部联系构成了研究合作创新活动及其网络特征的重要部分。各种联系的密集程度、重要程度和联系的成本影响着企业的创新活动，联系的方式也因节点类型不同而有所差异。同时，网络内部不同的节点之间联系有强弱之分，对于创新的作用也存在差异。

合作网络之间节点的链接包括以下几个方面：企业与企业之间的链

接；企业与大学之间的链接；企业与科研机构之间的链接；企业与中介机构之间的链接。这些链接所包含的节点对合作网络的影响各具特色。由于工业设计业是生产性服务业，主要服务于制造型企业，接受制造企业设计外包业务，所以客户企业有可能是其合作网络中的重要节点。又由于工业设计业是知识密集型产业，对人才要求比较高，所以，大学也有可能成为其合作网络中重要的节点。

1. 企业间的链接

企业间的链接包括与产业链上下游企业之间的纵向链接、与设计流程上各环节企业的链接以及与同行之间的横向链接。朱华晟（2010）将工业设计业产业链界定为设计前服务/产品供应（市场调查/咨询、设计服务信息、新材料供应等）——设计创意生产（设计内协作服务，包括概念设计、产品设计、结构设计）——设计后服务/产品供应（模具/模型制作、测试/专业软件分析、创意产品制作等）——设计服务营销等环节。但综观国内外工业设计业发展现状，目前工业设计业还没有分化成为一个规模庞大、分工精细的独立产业。工业设计业更多的是作为全产业链前端而存在，即处于全产业链/价值链的上游、高端（见图 4.7）。

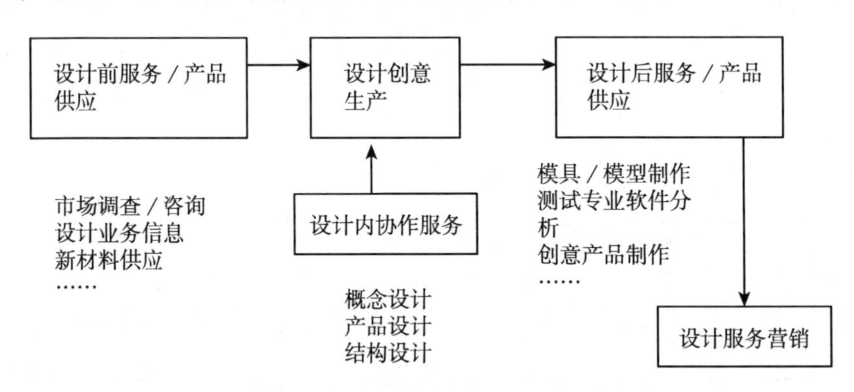

图 4.7　工业设计业产业链

资料来源：朱华晟（2010）.

工业设计企业的主要客户企业为制造企业；同行之间的链接是指工业设计业之间的合作与竞争；产业链上前后企业包括设计前服务企业以及设计后服务企业。前服务企业包括提供市场调研/咨询、提供设计业务信息以及新材料供应的相关企业，设计后服务包括模具/模型制作、测试/专业软件分析以及创意产品制作的企业和后期的设计服务营销的企业等。企业链接可以分为正式联系和非正式联系。

弗里曼（Freeman C.，1991）将企业间的合作模式总结为以下10种：①合资企业和合作研究；②联合研发合同；③技术交流协议；④技术投资；⑤授权和第二供货源协议；⑥分包协议、生产共享和供应商网络；⑦研究协会；⑧政府资助联合研究项目；⑨科技交流用的数据库和价值链；⑩其他网络（包括非正式网络）。

2. 与科研院校之间的链接

工业设计业是知识密集型产业，蕴含以人为本的精神，核心是创意和创新，是将人们的创造性思维变成产品。工业设计业的发展依赖创意人才，大学在创意人才的培养方面起到至关重要的作用。

企业与大学及科研机构的创新链接关系有多种形式，按照联系的标的可以分为技术关联和人力资源关联、资金关联等。技术的关联包括了若干不同紧密程度的关联。从简单的企业向大学购买技术和专利或者大学主动向外转移技术和专利；到合作契约式的合作研发新技术、新产品，企业委托大学研发新技术、新产品；然后到大学、科研机构与企业共同创办企业。技术关联具有合作对象具体特定的特征。在人力资源的关联上，大学向企业输送人才、大学公开课堂的知识自然溢出、校企和研企之间特定的培训咨询合作等是主要的形式。资金的关联主要体现为企业在学校设立基金、奖学金、为学校捐助等单向资金流动活动。

工业设计企业与高校/科研机构的合作模式有以下几种：高校设计院系的教师自己直接开设计公司或工作室；设计公司邀请设计专业的教师参与设计项目；人力资源的关联，大学向设计企业输送人才、大学公开课堂的知识自然溢出、校企和研企之间特定的培训咨询合作等。

3. 与中介机构的链接

在合作网络中，中介机构起着联系企业与科研院所、企业与企业以及科研院所之间的关系的作用。实际工作中的中介机构在创新活动中所起的作用也存在差异。按照中介的功能差异，中介机构可以分为指导型的和参与型的机构。

指导型的机构主要是行业协会、商会等机构，行业协会的功能以制定行业技术、竞争规范和引导企业相互交流为主，不会直接参与到创新活动中。但是，行业协会的技术平台作用会十分突出，而这种作用可发挥的空间大小也随着该协会的辐射范围大小和技术平台对企业重要程度而变化。商会的作用更多地在于制定商业竞争规范，协调企业竞争状况，降低恶性竞争水平和概率，构建企业交流平台等方面。虽说行业协会和商会与企业的关系多是指导性的，但并非意味着企业没有主动的交流。行业协会和商会的机构成员有时候就来自企业，而且企业也会主动借助协会进行期望的交流。国际工业设计协会（The International Council of Societies of Industrial Design，ICSID）即是这一类组织。国际工业设计协会成立于1957年，是一个由多个国际工业设计组织发起成立的非营利组织，旨在提升全球工业设计的水平。协会是国际设计联盟（IDA）的创始成员，是世界设计大会（IDA Congress）的重要协助者之一，与国际平面设计协会（Icograda）和国际室内建筑师暨设计师团体联盟（IFI）共为世界三大专业设计师团体。

参与型机构则主要包括培训、技术咨询、技术转让、法律服务等培训的内容范围比较广泛，可以是有关的技术规范、人力资源上岗证书等，培训的参与可以是以企业为单元也可以是人员自主决策。中国工业设计业协会（China Industrial Design Association，CIDA）即是这一类型的协会组织。

协会组织在连接设计企业之间、设计企业与客户之间、设计产业链各节点以及在制定各项行业指导政策方面、设计意识的唤醒、设计氛围的营造等方面起到积极作用。

产权专利交易机构。工业设计业是知识密集型产业，涉及大量的知识产权，知识产权的保护与交易机构在工业设计业企业网络中就显得尤为重要，能否有效的保护知识产权，并将其很好的转化为现实生产，中介机构将起到牵线搭桥的作用。如果能将知识产权很快、很有效地转化为生产力，将会激励工业设计企业以及工业设计师的创作（见图4.8）。

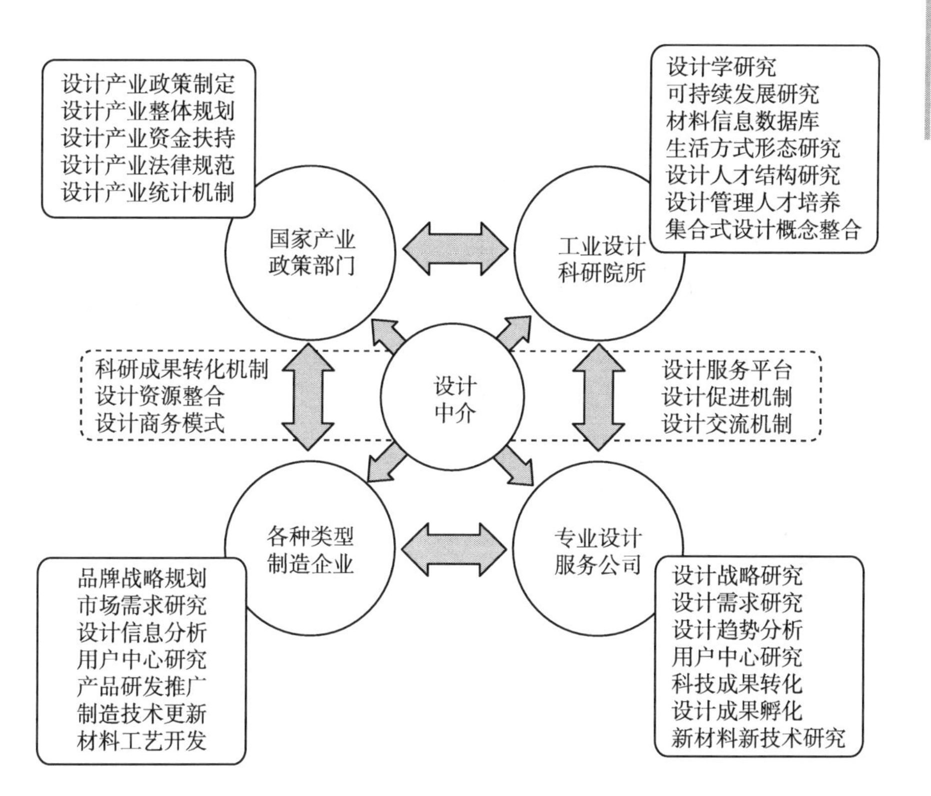

图 4.8 中介机构在工业设计业网络中的作用

资料来源：根据相关资料整理.

金融机构。工业设计业大部分是些小微企业，从创意到作品再到生产需要一个较漫长的时间，所以，起步阶段的工业设计企业需要资金扶持，资金支持的力度大小往往对工业设计企业的发展也会产生影响。目前，我国的工业设计企业大部分业务来自于客户企业的设计外包，由客户企业提供资金进行研发设计。客户企业对设计的重视程度以及提供资金的多少，是影响设计创新的重要因素，金融机构不是工业设计业合作网络中的重要节点。

4. 与政府之间的链接

政府在工业设计产业发展中所起的作用主要体现在制定区域政策和发展战略、提供公共物品上。区域定位和产业政策指向会直接影响当地的经济发展结构，而教育、科技等政策则对于构筑何种创新环境带来影响。在全球经济一体化的背景下，各国都在积极制定相应政策鼓励企业与其他组织进行合作，以促进产品创新、区域创新。Biggs 和 Shah 认为，政府机构和中小企业创新和绩效存在密切的联系。也有学者（Cooke and Doloreux）认为政府对中小企业创新的推动作用比预期要小。王敬甯等（2011）通过对台中乐器产业的研究认为，仍处于全球价值链的低端环节的产业集聚区初期需要政府进行积极的干预，协助地方创造竞争优势，特别是在技术上对企业进行切实的指导，以利于关键技术的研究和开发，实现产业升级和结构调整。

无论是英美等发达工业国，还是日韩等制造业强国，或者是后起之秀的新加坡、中国台湾等，都无一例外地创造出了对工业设计非常完备的政策支撑力量。英国政府将工业设计纳入国内贸易投资总署的重点工作内容，通过创办“工业设计园区”、减免税收等政策使本国的创意设计产业为 GDP 年均达到 6% 。日本更是采取多项措施，持续地支持工业设计业的发展。

我国是政府主导型国家，工业设计业尚处于发展的初期阶段，需要政府的政策支持以及创新创意环境的营造。政府可以在企业网络建设中发挥作用。

出台政策，促进企业间的横向合作。政府可以召集区域内工业设计企业共同探讨制约产业发展的“瓶颈”，引导产业组成联盟，共同开发一些新技术、共享一些设施、共同组成集体担保机制向商业银行贷款等。地方政府在这里担当“网络经纪人”的角色，为企业创造共同行动机会，并促进企业与政府建立起信任。

扶持中介组织，促进企业间的纵向网络。这类中介组织可以是营利性组织，由政府从财政中拨付一定的金额启动这类组织，吸引大学、研究机构或其他专业性机构的专业人才，组成这类组织，专门为区内中小设计企业服务。政府可以利用自身优势，帮助中介组织完善功能，扩展成员网络，为成员企业提供各类咨询服务和技术支持等。

营造创意、创新环境。政府可以通过舆论引导人们重视工业设计；通过法律保护知识产权；通过奖励鼓励人们开展创新、创意工作；通过政策吸引创意人才等。

“一些民企，没有意识到设计的重要作用，认为设计就是改改外观、做做造型，不认可设计的价值，这当然是一种短见行为。但同时也说明我们消费者的眼光还不够挑剔，民众的设计意识还比较缺乏。政府可以针对制造企业做一些适当的宣传和引导。对于民众观念的转变，一是需要经济基础的雄厚，二是要让他们免于山寨产品的干扰。所以要加大对知识产权的保护力度，一来激发设计师创新动力，二来让山寨产品无处可藏。”

——WM 工业设计公司设计总监

第五章

上海工业设计业调研方法与过程

第一节

上海工业设计企业问卷调查

一、问卷设计

本书参照 Aaker 等（1999）提出的问卷设计步骤来设计调查问卷，尽可能提高调查问卷的信度与效度。

首先确定研究的基本概念。然后通过检索和查阅大量有关创意产业企业网络、产业集群等相关研究文献，借鉴国内外大量经过实证检验、具有良好信度与效度的量表，结合本研究前期调研访谈，自行设计问卷题项。随后，就初步确定下来的题项向相关专家以及企业管理者征求意见。此外，作者本人也多次在所在的学术团队例会上就毕业论文做报告，征求了大量有益的意见。在此基础上，对问卷题项进行修改，形成调查问卷的初稿。为了尽量避免问卷中的题项可能会带给受访者一些误解而影响到问卷的效度，本研究在小范围内选择了 5 家企业进行了预测试，对预测试过程中出现的问题进行分析，对相关题项重新做出修正，形成最终问卷。

文献收集获取二手资料。主要收集企业网站、企业宣传手册、相关新闻报道以及重大事件披露等公开信息；同时索取企业内部刊物资料以及查阅备忘录、会议记录、公文和总结报告等方式收集数据。

深度访谈是获取一手资料的重要来源，提前拟好半结构式访谈提纲（见附录），对企业及相关机构的高层管理人员进行访谈，被访高层要对企业情况有足够的了解。访谈之后进行及时的总结，并再次与被访者进行沟通，以确保没有误解被访者。

访问行业协会，全面了解上海市工业设计业发展概况；访问园区管理方，全面了解园区；然后在前人的研究基础上，设计问卷；并在园区管理方的协助下，小范围的进行试调研，分析试调研数据，并对调研问卷进行修正，形成最终问卷；再对园区企业进行面对面的问卷调查（见图5.1）。

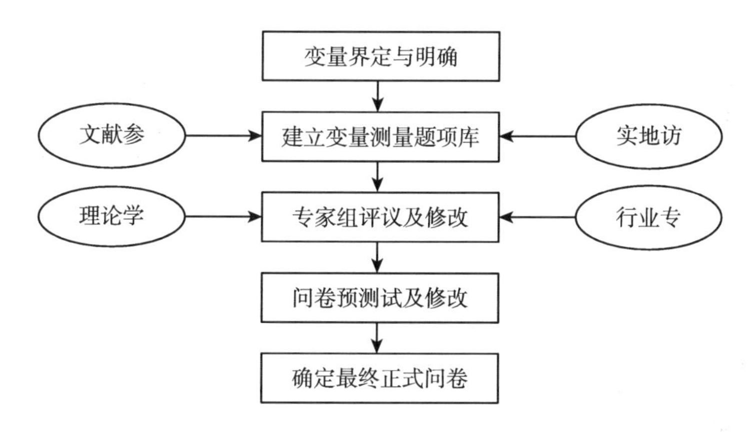

图5.1　上海设计企业调查问卷设计步骤

二、问卷内容

调查问卷包括以下四个部分内容：

（1）被调查企业的基本情况，如企业地址、成立时间、企业规模、企业性质、创始人的专业背景、创新的最大障碍、吸引人才的主要措施等。

（2）企业选址的主要影响因素（见表5.1）。

表 5.1　　　　企业选址的主要影响因素

<table>
<tr><th>领　域</th><th>指　标</th></tr>
<tr><td rowspan="5">整体商务环境</td><td>交通设施</td></tr>
<tr><td>创意氛围</td></tr>
<tr><td>办公楼特质</td></tr>
<tr><td>地段的知名度</td></tr>
<tr><td>地价和房租</td></tr>
<tr><td>公共服务设施</td><td>公园、绿地、各类展馆等</td></tr>
<tr><td rowspan="5">企业合作环境</td><td>毗邻主要客户</td></tr>
<tr><td>获得实时信息</td></tr>
<tr><td>集聚效应</td></tr>
<tr><td>获取其他企业的经营经验</td></tr>
<tr><td>分享竞争者的市场份额</td></tr>
<tr><td rowspan="2">人力资源条件</td><td>毗邻高校</td></tr>
<tr><td>获取高素质劳动力</td></tr>
<tr><td rowspan="3">政府行为</td><td>城市规划</td></tr>
<tr><td>政府优惠政策</td></tr>
<tr><td>政府资金支持</td></tr>
</table>

（3）企业创意设计能力的测量（见表 5.2）。

表 5.2　　　　企业创意设计能力的测量

评价指标	不同意				同意		
	1	2	3	4	5	6	7
与同行相比，我们获各类奖的能力很高							
与同行相比，我们拥有一流的产品开发能力							
与同行相比，我们客户的满意度很高							
与同行相比，我们的市场开拓能力很高							
与同行相比，我们设计人员的创新素质很高							
与同行相比，我们设计人员的内外沟通能力很高							

续表

评价指标	不同意				同意		
	1	2	3	4	5	6	7
与同行相比，我们知识获取与累积能力很强							
与同行相比，我们创意投入能力很强							

（4）企业合作网络的测度，主要从关系频度与关系广度两个维度，对工业设计企业合作网络的特征进行测度和描述（见表5.3）。

表5.3　　　　工业设计业合作网络中的关系频度

关系频度 / 主要节点	没有交往	每年一两次	每月不到一次	每月一两次	每月三四次	每周一两次	每周两次以上
主要前服务商							
主要后服务商							
主要客户							
主要同行							
相关科研院校							
政府部门（管理机构）							
相关金融机构（银行）							
行业协会							

这部分问卷内容涉及合作网络的特征，从四个空间尺度（园区、城市、国家、全球），用“关系频度”“关系广度”（这两个概念将在第七章详解）来描述工业设计业与前服务商、后服务商、主要客户、主要同行、相关科研院校、政府部门、相关金融机构（银行）、行业协会以及中介服务（咨询）机构之间的关系。

“关系频度”又指“关系强度”，主要通过“在过去两年的新产品开发过程中，贵企业与相关企业（机构）合作交流的频率”题项来获取，将合作频度分为7档，合作频度由低到高依次为“没有交往”“每年一两次”“每月不到一次”“每月三四次”“每周一两次”“每周两次以上”，分别赋分“1~7分”。

“关系广度”主要是指合作网络中，核心企业在各个节点上所拥有的合作伙伴的规模（数量），主要通过“在过去两年的新产品开发过程中，贵企业与相关企业（机构）合作的规模”题项来获取。同样是将合作规模分为7档，规模大小依此为“无”“1~3”“4~6”“7~9”“10~12”“12~14”“15及以上”，分别赋分“1~7分”（见表5.4）。

表5.4　工业设计业合作网络中的关系广度

	合作企业（机构）的数量						
	无	1~3	4~6	7~9	10~12	12~14	15~
主要前服务商							
主要后服务商							
主要同行							
主要客户							
相关科研院校							
政府部门（管理机构）							
相关金融机构（银行）							
行业协会							

四个空间尺度的选择：（1）园区。根据前面对上海工业设计企业空间分布的分析可知，上海的工业设计企业有集聚、扎堆现象，主要集中在一些创意园区。企业在物理空间的邻近是否会带来关系的邻近，同一园区的企业与机构会不会成为合作网络中的重要节点，这是个值得去研究的命题。（2）城市。上海作为我国工业设计业以及创意产业相对发达地区，既有设计需求，又有设计供给。在本市这样的地理尺度，既有物理上的邻近性带来交流的便利，也克服了同一园区相对狭隘的地理空间与企业机构较少的不足，合作网络的主体在这样一个地理尺度上具有多样性。工业设计业合作网络在这样一个地理尺度上具有怎样的特征，同一市区的企业机构在合作网络中处于什么样的一个地位，这同样是一个值得探讨的命题。（3）国家。这个尺度进一步拉大，主要考查上海工业

设计业在全国的地位，是否在全国各地都拥有合作伙伴。（4）全球。这是为了考查上海工业设计业的外向性，在全球尺度上是否拥有合作伙伴。

三、问卷调查的实施

由上海市统计局数据中心和上海市工商管理局信息中心提供的工业设计企业名录，包括企业名称、地址、邮编、性质、成立年份、经营范围、营业收入、企业规模等特征数据，经过筛选，选定134家工业设计企业作为具体调研对象。从工业设计协会以及企业网站等多种途径，获取企业有效电子邮箱。2014年3~6月，依托教育部人文社科基金项目“网络权力与企业空间行为、企业创新”上海文创基金项目“上海企业设计创新能力调研”，在上海工业设计协会、华东师范大学、中国美术学院上海设计学院支持下，再利用供职于华东理工大学艺术设计与传媒学院的便利，对上海工业设计业发展、上海工业设计业合作网络进行深入调研。发放调查问卷134份，回收120份问卷，回收率89.5%，回收的问卷均有效。

四、被调查企业的基本特征

通过对120家工业设计企业深入分析，可知上海目前的工业设计企业具有以下4个方面特征：①以民营企业为主，外资企业所占比重为12%；②成立时间较短，大部分是2000年以后成立；③企业规模小，绝大多数企业规模在10~50人；④在开展设计创新工作中，认为人才的短缺是其创新的最大的障碍。⑤主要集中在家用产品以及电子消费类产品方面，较少从事装备制造产品以及现代化的大型生产设备的设计；⑥民营企业创始人大部分有工业设计专业教育背景，不少是海归。如LKK、MM的创始人都是毕业于国内名校工业设计专业，YMJ设计顾问机构以及DL工业设计公司创始人毕业于德国的工业设计专业（具体见表5.5）。

表 5.5　2014 年被调查的 120 家上海市工业设计企业的基本特征

企业规模	10 以下	10～50 人	51～100 人	101 人以上的
	24	72	21	3
企业创建时间	2000 年及以前	2001～2008 年	2009 年以后	
	38 家	71 家	11 家	
企业性质	民营企业	国有企业	外资企业	
	100	7	13	

资料来源：方田红：《上海工业设计企业调研资料汇编》，华东理工大学，2014.7.

第二节

上海工业设计企业深度访谈

一、访谈提纲

除设计调查问卷前对部分工业设计企业以及行业协会进行访谈外，在调查问卷回收后，于 2014 年 4～6 月，对园区、企业、高校、协会、政府等各部门，展开深入访谈。走访 5 家工业设计业较集中的创意园区（2010 年以来，笔者一直关注上海创意产业的发展，曾对更多创意园区进行过实地考察与研究，积累了大量的资料）；访谈 15 家工业设计企业负责人、上海工业设计协会秘书长，采访了十余位不同高校该专业专家以及上海创意产业中心相关负责人等，每次访谈时间平均在 90 分钟左右，获取大量一手数据。

（1）影响企业创新的因素主要有哪些？哪个节点上的合作伙伴有利于企业创意设计能力的提高？

合作网络主要是研究企业外部创新资源，但很多受访企业并不会严格地区分内部创新与外部创新。尤其对于讲究个性知识、个性风格的设计业，主要设计师的风格往往主导着企业的发展方向，企业可能更多地关注内部人才的培养、内部创新能力的提高。通过此题主要是想了解企业对于内部创新与外部创新重要性的认识，外部创新是否有引起企业的重视？另外，企业感性认识与问卷中所获取的定量数据是否具有一致性，关系强度大的节点是否一定是企业感性认识中影响创新的关键节点？

（2）合作伙伴的空间分布情况？

美国地理学家 W. R. Tobler（1970）曾说过“Everything is related to everything else，but near things are more related than distant things”，这被称为地理学第一定律，其中“near distant”既包含了“距离邻近”，并且隐含着“关系邻近”。

国内外相关研究对地理邻近形成共识，一般认为地理邻近有利于组织间知识溢出，有利于企业创新、集群创新。汪涛、曾刚（2008）探讨了地理邻近在上海浦东高技术企业创新中的作用（见图 5.2）。

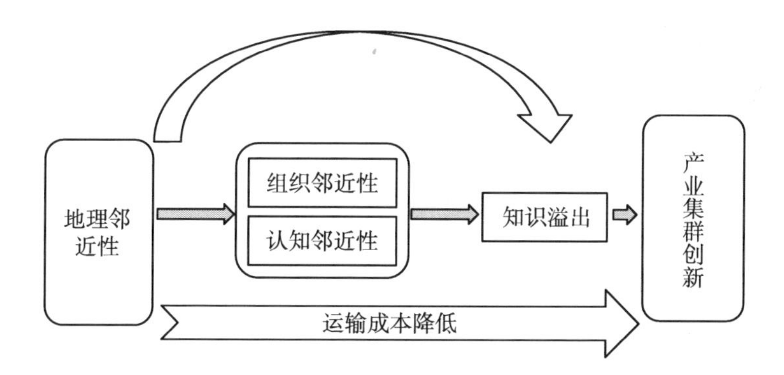

图 5.2　地理邻近与创意集群创新的关系

资料来源：汪涛，曾刚（2008）.

在回收的问卷中发现，企业在“园区”这个尺度上的合作伙伴非常少；在“本市”与“外省市”这个尺度上，客户伙伴不论是规模上还是交往的强度上都旗鼓相当。外省市有远有近，江浙两省虽属外省市范畴，但因其距离上海近，并且是我国经济发达、制造业发达的地区，有可能成为上海工业设计业重要的市场空间。在“海外”这个尺度上，本土的工业设计公司与海外的各个节点联系都极少，外资的工业设计公司会与海外的“同行”（总公司或者总公司在其他各地的分公司）在这个节点联系的较多，其他的节点联系的也非常少。

（3）与合作伙伴主要交流方式是什么？如何看待正式交流与非正式交流对企业发展的影响？

按照交流的方式不同，工业设计业合作网络也可分为正式网络和非正式网络。正式合作网络是指设计企业在其设计、技术开发、生产、市场营销等创造价值的活动中，选择性地与其他企业或行为主体通过合作、分包、战略联盟等方式结成的长期稳定的网络关系。这些网络一般是通过一定的契约来表现出来，在此网络中传递与扩散的主要是显性知识。非正式网络是指行为主体之间在长期的交互作用中形成的非正式（或非契约）关系，这种网络的基础是共同的教育背景、共同的社会文化背景，是以互惠信任为基础的，通过非正式交流或频繁合作而建立起来的。在此网络中传递的主要是隐性知识。

工业设计业是如何与网络中各节点进行交流的？正式合作网络与非正式合作网络之间的关系如何？合作交流过程中，企业是如何看待隐性知识与显性知识对企业发展的作用？通过此题希望能找到一些答案。

（4）政府在企业创新设计中所起的作用？

从回收的问卷中同样发现，工业设计企业与政府合作强度非常小，合作广度也非常少，是否意味着，在设计业合作网络中，政府的作用基本没有？我国是政府主导型国家，政策的导向作用对经济的发展影响是非常大的，为何在设计业这儿，政府似乎失灵了？设计此题，进一步探索企业对政府这一节点的真实认识。

（5）企业与网络各节点合作时间的长短是否影响企业的创新设计？

网络久度是测量网络关系稳定性程度一个重要指标。一般认为，合作时间越长，越容易形成相互信任关系。但也有学者认为合作时间越长，越容易形成强联系，频繁的联系过程中较难产生新的知识与信息，很多的知识与信息是同质而冗余的。工业设计业是个新兴产业，在中国，在上海，很多设计公司成立时间都不长。并且设计业是一个紧跟时代潮流，要求不断推陈出新的行业，创新过程中需要融汇更多新知识、新信息与不同的地方与企业文化。与创新网络上的各个节点合作时间的长短是否会影响到企业创新？这是一个值得去探索的问题。

（6）如何看待同行对企业创意设计能力的影响？

同行对企业创新的影响包括两个方面，一是指有实质性的合作、交流的同行，这类同行对企业创新的影响在题一中有体现；二是指那些虽没有实质性的交流，但却受到其启发的同行。本题主要指向第二类同行对企业创新影响。

二、访谈的开展

首先访问行业协会，全面了解上海市工业设计业发展概况；再访问园区管理方，全面了解园区；在调查问卷回收后，针对问卷不能获得的问题或为了进一步验证问卷中的问题对设计企业做进一步的深度访谈。深度访谈的企业如表5.6所示：

表5.6　2014年接受深度访谈的上海市工业设计企业基本信息一览

	企业名称	访谈对象	访谈时间	企业规模（人）	企业性质	企业地址	成立时间（年）
1	LKK	市场部总监	90分钟	50左右	民营	八号桥	2004
2	MM	企业主要负责人	120分钟	50以下	民营	M50	2002
3	DL	企业主要负责人	60分钟	26	中外合资	M50	2005
4	HH	企业主要负责人	120分钟	130	中外合资	幸福码头	2003
5	WM	企业主要负责人	90分钟	25	民营	国顺东路艺术中心	2002
6	FY	企业行政负责人	75分钟	3000以上	中外合资	龙东大道3999号	1997
7	W	企业主要负责人	90分钟	248	民营	田子坊	2002
8	SH	企业主要负责人	60分钟	67	民营	上海国际工业设计中心	2005
9	GYMS	企业主要负责人	60分钟	130	国企	钦州路528号	20世纪90年代
10	YMJ	企业主要负责人	60分钟	50以下	民营	淞兴西路半岛1919创意园	2005
11	ZN	企业主要负责人	75分钟	50左右	民营	昌平路1000号传媒文化园	1997
12	LY	企业主要负责人	60分钟	50以上	民营	曲阳路666号	1995

续表

	企业名称	访谈对象	访谈时间	企业规模（人）	企业性质	企业地址	成立时间（年）
13	GS	企业主要负责人	75分钟	20人以下	民营	逸仙路3000号上海国际工业设计中心	2004
14	QS	企业主要负责人	75分钟	50以下	外资	大连路970号海上海	2006
15	AF	企业主要负责人	60分钟	20	民营	上海花园路128号运动LOFT创意园七街区	2007

资料来源：方田红：《上海工业设计企业调研资料汇编》，华东理工大学，2014.7.

主要集中在以下园区（见表5.7）：

表5.7　　2013～2014年接受访谈的上海市创意园区概况一览

园区名	园区地址	园区创立时间	园区前身	园区主要业态
上海国际工业设计中心	宝山区逸仙路3000号	2010年	上汽集团老厂房	工业设计业
M50	普陀区莫干山50号	20世纪末	上海春明棉纺织厂	画廊、画室、产品设计、平面设计等
八号桥	黄浦区建国中路8－10号	2003年	上海汽车制动器公司	建筑设计、产品设计等
幸福码头	黄浦区中山南路1029号	2011年	上海油脂厂	创意商业、设计业
徐汇德必易园	徐汇区石龙路345弄27号	2010年以后	某编织厂	新媒体产业、工业设计

资料来源：方田红：《上海工业设计企业调研资料汇编》，华东理工大学，2014.7.

三、访谈总结

（1）影响企业创新的主要因素以及哪些节点的合作伙伴有利于企业创新？（见表5.8）

表 5.8　　影响工业设计企业创新的主要因素

主要因素	访谈摘要	受访者职务
人才	设计是知识密集型的工作，设计公司发展的最大动力来自于人才	市场部总监
	具体实施中，还是觉得人才是创新的关键。目前研发设计团队中，都具有专业背景。结构设计师缺乏，需要懂 Cad 的人才。目前公司缺开发设计人才	企业主要负责人
客户	了解客户的需求，找准问题，从而想办法解决问题。与企业的深入合作有利于创新，肤浅的交流不利于创新	公司总经理
	与客户的深入交流以及客户对设计的重视程度是创新的关键要素之一	企业创始人
	与客户深入地沟通、交流有利于创新。所以要做大量的用户研究，了解市场，了解企业需求，从而真正了解客户企业的需求，有针对性地去设计产品以及后续的市场营销方案	公司总经理
高校	目前与国内多所知名大专院校（如同济大学、武汉理工大学、上海视觉艺术学院、上海工艺美院等）开展产学共同研究项目，将先进、实干的设计理念创造性的融入当代设计教育环节，获得院校领导与师生好评，从实质上为社会培养出不少优秀的设计人才	公司总经理
	目前与国内多所知名大专院校（如同济大学）开展产学共同研究项目，招募同济大学的学生来实习并工作	企业创始人
	跟多所高校合作，研发设计新的产品，接纳在校学生到公司实习，去高校给学生讲课，激发学生创新设计思维	技术研发中心副主任
资金	深入的研究需要资金资助，而设计公司又缺资金。所以希望政府能有一些扶持资金，真正支持到产品的开发方面来	企业创始人
各类资源的整合能力	原材料生产、设计、外包生产以及客户资源，这些资源的有效整合使得企业具备独有的竞争力	企业创始人
	设计管理、资源整合，这些对企业的创新都有影响。企业现在挺缺既懂设计又懂管理的人才	市场部总监

资料来源：方田红：《上海工业设计企业调研资料汇编》，华东理工大学，2014.7.

（2）合作伙伴的空间分布情况（见表5.9）。

表5.9　　上海市工业设计企业合作伙伴空间位置

四个空间尺度	访谈摘要	受访者职务
本园	园区较小，工业设计企业很少，企业之间的交流也很少，园区内没形成合作网络关系。要说有交流，也就跟园区管理方有所交流	企业创始人
	园区内企业合作基本没有。之所以选择在园区，主要是考虑到园区的“创意”主题以及“创意”氛围	市场部总监
	园区内能与我们进行合作的企业基本没有。选择在此园区主要是因为园区的氛围以及较优惠的租金。园区里都是一些创业型的企业，与创意有关，大家也可以相互激励	企业创始人
本市	上海是国际化大都市，高端客户企业云集、创意人才云集，有着较好的创新环境。一些国外设计公司已经进驻上海，有更多机会与国外同行进行交流沟通，也有利于本企业的发展	企业创始人
	与本市这个尺度上的各个节点交流都比较多，尤其是与高校与同行的交流，基本都在本市范围内，与客户以及产业链上的上下游企业的交流，其他省市也会有些分布	公司总经理
外省市	外省市主要集中在江浙两省，这两个省是我国制造业大省，有很多制造企业意识到设计的需要，重视起产品设计以及品牌营销。我们公司在宁波设有分公司，意在与宁波的市场更近距离的接触	企业创始人
国外	我们直接接到国外的订单很少很少，但我们服务于很多世界500强中国分公司	企业创始人
	我们是××企业在中国的分公司，我们跟国外总部以及其他国家的分公司联系很多，会围绕具体项目展开交流与合作	公司总经理

资料来源：方田红：《上海工业设计企业调研资料汇编》，华东理工大学，2014.7.

（3）与主要合作伙伴主要交流方式是什么？如何看待显性知识与隐性知识交流对企业创新的影响？（见表5.10）

表5.10　上海市工业设计企业交流方式以及显性/隐性知识作用一览

合作伙伴	正式交流/非正式交流	访谈摘要	受访者职务
产业链上下游企业	正式交流（合同形式）为主	与产业链上下游企业合作交流较少，少有的合作也是以正式的合同形式展开的，购买上游咨询业的数据资料、与新材料供给商进行合作。与他们进行合作，对创新影响还是有的，比如我们在设计产品时要考虑到材料的可获取性以及产品生产的可行性。与这些企业进行交流获取的是显性知识	企业创始人
客户	正式交流（合同形式）	属于商业合作，有合同约束的正式交流更适合，避免纠纷。与客户的正式交流中，隐性知识与显性知识都有，如企业负责人对设计重要性的认识以及设计理念，这部分信息大部分是通过面对面的交流获取的，是隐含在交流过程中的，这部分信息其实挺影响我们对所接项目的理解与定位的，对最终设计作品有影响的	市场部总监
同行	正式交流（项目外包）与非正式交流（私人关系或参加一些交流平台）	设计圈子其实挺小的，知名设计师之间大家都比较熟知。同行进行交流方式有正式的项目委托，也有私人交往。要说对创新的影响，觉得私人交往这种非正式交流更有利于创新，这个过程获取的是一种隐性知识。因为同行之间也存在竞争关系，自家企业的核心信息一般也不会随意外露。有些设计师认为同行的圈子异质性较差，太过频繁的交流实际上会产生很多冗余信息。同行的圈子需要不断地扩大，增加圈子的异质性，这样的交流会更有效	企业创始人

续表

合作伙伴	正式交流/非正式交流	访谈摘要	受访者职务
高校及科研院所	正式交流（互聘导师、项目委托、人才往来）、与非正式交流（私人关系、交流活动）	一般与高校里兼具教师与设计师“双师”身份的人交流比较多，有些本来就是同学关系，有些是我们行业内各种评比活动的评委。有时会邀请高校教师参与公司的项目，或者互聘导师，公司聘请教师来讲课，高校聘请设计师去学校讲课等。企业往往成为学生的实习基地，与这些学生有更深入的交流。一些小的设计公司挺愿意用在校学生，一方面是基于成本考虑，实习生用人成本低，另一方面，学生也能给公司带来很多创意想法。与高校的交流过程中，显示知识与隐性知识同样都很重要	企业创始人
行业协会	非正式交流居多，包括组织一些交流活动，开展行业引导、政策解读等活动或协会走访等方式	与行业协会的非正式交流会更多一些，协会组织的各项活动，给同行之间、设计需求与市场之间的衔接等提供了交流的机会。协会负责人偶尔走访企业，帮助分析行业发展、解读政策，对企业发展有一定的引导作用。在与行业协会交流中，显性知识与隐性知识都存在，显性知识是全行业共享的，推动本行业的发展，而个体企业能从交流中获取的隐性知识对本企业的创新发展的作用比显性知识要大	公司总经理
政府	正式交流	企业成立之初与政府部门接触较多，随后的发展中与政府的交流很少。与政府的交流主要是通过正式交流的方式，与负责事务性的具体行政部门的接触交流对企业创新没有影响。要说有影响的话，税务部门的政策对企业会有些影响，是否能获得一些税务减免对微小型的创意设计公司来讲意义还是比较大的	企业创始人

资料来源：方田红：《上海工业设计企业调研资料汇编》，华东理工大学，2014. 7.

（4）政府在企业创新中所起的作用。

企业一致认为政府的政策导向对设计企业的发展有很大影响，目前国家对设计业的重视以及国家产业转型、产业升级的大方向对设计企业来说都是利好条件。访谈中，不少设计师以及企业负责人感慨道“中国的设计春天到来了”。同时也有反应与具体政府部门的联系非常少，认为与办理事务的行政部门的交流对企业创新发展没有影响。2012年以来，上海政府成立文创基金，旨在扶持文化创意企业的发展。申请到基金的企业尤其是一些规模小的企业表示政府这项政策对企业创新帮助很大。

（5）关系久度与企业创新的关系。

“与客户的长期合作，有利于深入地了解客户，可以设计出客户企业需要的产品。拥有长期的合作伙伴，有利于企业的稳定地发展。但就企业创意设计能力而言，接触不同行业的客户、同一行业的不同客户反而更有利于公司产品的多样性，也可以从不同的客户身上学习更多的东西。与同行的合作也存在这样的问题，老跟固定的同行进行合作，也不利于合作网络中知识、信息的更新。”

——SH工业设计公司创始人

“合作时间长短我觉得是一把双刃剑，各有利弊。合作时间长好的一面是各方面关系稳定，企业一般不太会出现大的风险，企业的稳定性较好；不足的一面新知识、信息较少。合作时间短好的一面是可以跟不同的伙伴进行交流，新知识、新信息多；不好的一面则是彼此间信任关系还没建立起来，企业稳定性较差。”

——上海QS工业设计公司负责人

（6）同行尤其是国外知名设计公司对本土设计企业发展的影响，如何面对国外知名设计公司的竞争？

“我们关注同行的发展动态，关注同行的新作品，会从同行的发展中获取很多的启发。国内很多设计公司模仿国外同行作品的这种实例也非常多见。”“本土设计公司与国外设计公司在业务上有差别，国外设计公司主要做设计研究、咨询比较多，并且由于文化差异，国外设计公司在国内有水土不服的劣势。其高昂的设计费用也使得国内的一些中小企业望而却步。国内设计公司与国外设计公司在服务对象以及服务领域有差异，所以没有形成正面的冲突。”

——上海 MM 工业设计公司设计总监

“设计企业是以单个项目为主展开工作的，同时还存在着大量的文化元素，依赖于独特的地域文化资源。中国人对本国本土的人文、地理环境的熟知，所以本土设计公司也有一定的优势。”

——JH 建筑设计有限公司副总经理

第六章

上海工业设计业发展环境与空间分布特征

第一节

上海工业设计业发展概述

上海在“十一五”期间，明确提出重点发展研发设计、建筑设计、文化传媒、咨询策划、时尚消费等五大行业。2010 年 2 月，联合国教科文组织授予上海“设计之都”的称号，标志着上海城市的转型步入创意发展的新阶段。2004～2009 年，上海创意产业增加值取得明显的增长，即使在金融危机期间，创意产业的发展也呈现逆势增长。在创意产业中，工业设计业表现尤其突出。据相关统计，2011 年，上海工业设计发展迅速，实现增加值 189.45 亿元，增长速度达 37.6%，是文化创意产业 10 个行业大类中增幅最高的行业（见图 6.1 和表 6.1）。《2013 年上海市文化创意产业发展报告》显示，2012 年文化创意产业中的工业设计、建筑设计业增加值分别达 196.54 亿元和 301.93 亿元，共占文化创意产业增加值总量的 22%，分别比 2011 年增长 15.3% 和 11.8%，对文化创意产业增长的贡献率达到 27.8%，带动整个产业的迅速发展（见表 6.2、表 6.3 和图 6.2）。上海根据建设“设计之都”的要求及“十一五”上海创意产业重点行业发展的优势，依托上海先进制造业的产业基础及以现代服务业的发展需求，聚焦设计行业的重点领域和内容包括：工业设计业、建筑设计、软件设计和互联网信息服务业、时尚设计业、广告包装设计业及动漫网络游戏设计业等领域。由此可见，设计产业已成为上海文化创意产业的主力军。以工业设计、时尚设计、建筑设计等为主体的设计产业加速发展，已成为上海转变经济发展方式的重要驱动力、打造城市品牌的有效手段。

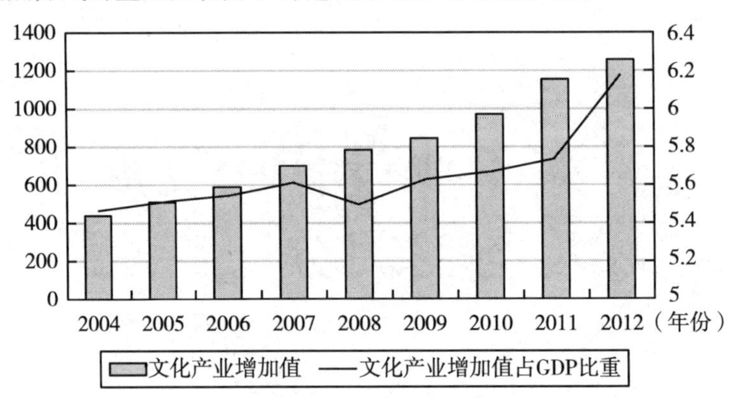

图 6.1　上海文化产业增加值的增长（2004～2012 年）

资料来源：2013 年上海文化产业发展报告.

表 6.1　上海 2004～2009 年创意产业增加值及其占 GDP 的比重

	2004 年	2005 年	2006 年	2007 年	2008 年	2009 年
创意产业增加值（亿元）	493.1	549.4	674.59	857.81	1048.75	1148.98
占 GDP 比重（%）	6.1	6	6.55	7	7.66	7.71

数据来源：上海创意产业测算数据（2008～2009 年）、上海创意产业发展报告（2006～2009 年）.

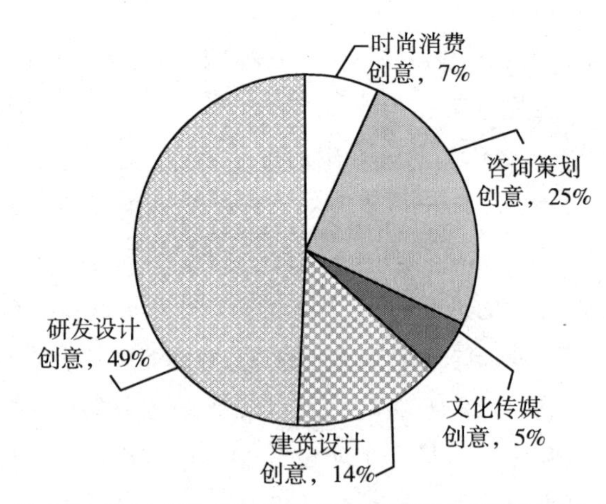

图 6.2　2009 年上海五大类重点创意行业的增加值比例

资料来源：方田红：《上海工业设计企业调研资料汇编》，华东理工大学，2014.7.

表 6.2　2011 年文化创意产业分行业总产出、增加值及其增长情况

行　业	总产出（亿元）	增加值（亿元）	增加值比上年增长（%）
总计	6429.18	1923.75	13.0
文化创意服务业	5611.51	1702.14	13.6
（1）媒体业	425.03	160.50	14.7
（2）艺术业	195.31	58.14	8.8
（3）工业设计	685.71	189.45	37.6
（4）建筑设计	1043.77	283.67	12.2
（5）网络信息业	189.45	80.48	16.3
（6）软件与计算机服务业	997.35	357.61	11.4
（7）咨询服务业	752.92	237.83	21.5
（8）广告及会展服务	800.40	188.24	-5.3
（9）休闲娱乐服务	521.57	146.22	12.0
文化创意相关产业	817.68	221.60	9.2
（10）文化及创意相关产业	817.68	221.60	9.2

资料来源：上海工业设计业发展报告（2012 年）.

表 6.3　2012 年文化创意产业分行业总产出、增加值及其增长情况

行　业	总产出（亿元）	增加值（亿元）	增加值比上年增长（%）
总计	7695.36	2269.76	10.8
文化创意服务业	6803.14	1973.07	11
（1）媒体业	433.39	143.82	-4.7
（2）艺术业	201.05	67.25	15.4
（3）工业设计	527.29	196.54	15.3
（4）建筑设计	1235.63	301.93	11.8
（5）时尚创意业	768.46	143.52	4.4
（6）网络信息业	216.33	96.46	5.8

续表

行　　业	总产出（亿元）	增加值（亿元）	增加值比上年增长（%）
（7）软件与计算机服务业	1138.65	395.33	10.4
（8）咨询服务业	789.4	256.97	19.7
（9）广告及会展服务业	887.09	214.67	16
（10）休闲娱乐服务业	605.84	156.58	10.6
文化创意相关产业	892.23	296.69	9.4
（11）文化创意相关产业	892.23	296.69	9.4

资料来源：上海工业设计业发展报告（2012年）.

第二节

上海工业设计业发展环境

一、设计需求

1. 上海经济转型发展给工业设计带来机遇

1843年开埠以后，上海一直是中国最重要的经济中心城市，一度是整个远东地区的金融贸易中心。新中国成立以后，上海是作为全国最重要的工业基地来建设的。20世纪80年代以前的几十年里，“上海货”是中国的骄傲，大白兔奶糖、凤凰牌自行车、上海牌手表、蝴蝶牌缝纫机等共同铸就了“上海制造”的辉煌。1978年改革开放后，上海却不在改革开放城市之列，随着东南沿海各城市、特别是广东的对外开放，“广东货”迅速崛起，“上海货”一度被比下。“上海制造”的衰落一方面是源于老工业企业体制与机制的存在，另一方面也因为当时的政府对制造业没有给予大力支持。20世纪90年代初，上海制定了“三二一”发展战略，即优先发展第三产业，像其他国际大都市那样，上海提出第三产业的经济份额要占到经济总量的70%。在这种思路的指引下，一度在全国领先并且占主导地位的制造业放慢了发展步伐，甚至出现了萎缩、停滞不前的现象。亚洲金融危机让人们重新认识到作为实体产业的制造业的重要性，亟须找到由传统的劳动密集型向技术密集型、知识密集型转型的出路。上海是一座缺乏资源和能源的城市，环境容量十分有限，转变经济发展方式显得尤为重要和紧迫。

设计产业具有低投入、高产出、低能耗、无污染、附加值高等特点，既属于创意产业范畴，又兼具生产性服务业特点，与制造业关系密切。上海着手发展先进制造业，“十二五”规划明确提出要优化提升先进制造业，着力提高产业自主创新能力和国际竞争力。上海先进制造业主要集中在汽车、船舶产业、电子信息制造业、钢铁、石化以及都市型工业。这些制造业除了钢铁与石化以外，其他产业的升级都与工业设计紧密相连，这给工业设计产业的发展带来极大的机遇。上海的产业结构调整思路是要大力发展“两头在沪”的经济，这同样为工业设计提供发展契机（见表 6.4）。

表 6.4　　上海工业设计业重点门类规划

产业门类	规划目标
交通工具类（包括汽车、船舶等）	从发展商用汽车等入手，将工业设计融入加强研发机构和产学研体系建设，开展产品研发和技术攻关，全面提高研发能力的自主创新计划中。依托船舶系统建立产学研相结合的上海船舶与海洋工程科研体系，在设计与建造技术、设计管理生产一体化的集成技术等重点关键技术领域取得突破
装备制造类	以数控机床及机电一体化设备等方面为基地，扩大先进工业设计技术在高端产业中的应用。继续大力扶持“上海电气杯”冠名设计大赛，组织全国性设计大赛，提升“电气杯”设计大赛的品牌效应。组织装备制造产品设计的专业培训，编写适合装备制造业设计师培训的设计创新教材，提高上海先进制造设计师队伍水平。推广先进制造模式，推广计算机辅助设计、三维设计等技术应用，实现装备产品的数字化、智能化，增强上海先进制造业和高新技术产业的设计竞争力
电子信息产品类	以数字音视频电子产品、智能化、数字化电子产品及多媒体产品的研发为突破口，选择若干项重点新产品推进产品研发与工业设计的有机结合，在产业化过程中实现科技创新与工业设计同步进行。推动生产制造、现代物流服务和工业设计中的应用软件、系统软件等研发制作

续表

产业门类	规划目标
服装服饰类	推动纺织技术复合化和印染后整理技术现代化。启动“中化装”的研发项目，进一步强化三枪牌、海螺牌等品牌效应，壮大民族品牌。以上海国际服装节为契机，促进服装服饰产业链（设计师培训、服装服饰设计、加工制造、展示商贸）的发展，逐步改变众多企业靠模仿求生存的局面，减少产品同质化的现象
食品工业类	挖掘和发挥具有基础资源和文化底蕴的饮食文化产品，开拓饮食文化、茶文化、酒文化、宫廷文化、民族民俗文化以及食疗、食补、食养、药食等文化经济市场。改进食品工业产品包装和造型设计，打造上海知名品牌
工艺旅游纪念品类	推出系列大师精品展和业内知名的陶瓷、金属、琉璃、竹刻、金银饰品、手工艺品、水晶等展览。在上海旅游纪念品展示中心举办或协办工艺品展示、交易、设计、咨询、信息交流和展览活动。针对性地引入国际流行的旅游纪念品设计理念、设计工艺，通过借鉴和学习改善国内旅游纪念品研发弱、产品缺乏新意的现状。鼓励旅游纪念品的原创化，定期组织主题展览、设计比赛，发掘新颖的创意设计和优秀的设计者，促进这些理念成型并投放市场。扶持中小设计企业的品牌建设，形成完善的设计、展示、生产、销售、中介服务的发展格局
家居环境类（包括家具和室内装潢）	开展中国现代家具风格的学术研究和讨论。用现代化生产方式改造、完善我国家具生产方式，推进家具设计的工业化进程。积极培育家具专业设计公司。引导家具设计企业和设计人员积极申请家具专利。开展多种形式的国内、国际设计交流和合作。举办世界级的国际家具展，组织中国企业参加国外举办的著名家具展
视觉传媒类（包括广告和会展）	以会展设计为重点，加强数字媒体、互动媒体、影视、视觉形象识别系统（CIS）等设计。举办全国视觉传媒设计大赛，挖掘优秀创意作品、优秀人才，提升上海各类产品及学术、艺术会展水平，满足高速发展的经济和广大受众对高品质的追求，为举办2010年中国上海世博会打好前哨战

资料来源：《上海工业设计产业发展三年规划》（2008～2010年）.

2. 长三角制造业升级需要

长三角地区作为我国三大经济圈之一，是我国重要的制造业基地之一。20世纪90年代以来，长三角经济国际化程度不断提高，实际利用外商直接投资额从1990年的10.8亿美元增长到2009年的467.4亿美元，外贸进出口额从1995年的468.2亿美元增长到2009年的8043.0亿美元。20多年来，长三角制造业积极发展国际代工业务，已经形成了以苏州、无锡等城市为代表的新兴国际代工产业中心。长三角制造业实现了高速发展，但是依然处于国际产业分工的低端环节。随着资源约束、人口红利的丧失，长三角地区经济的转型发展同样迫在眉睫。

上海作为中国最大的经济、贸易、金融中心和港口城市，同时也是长三角地区的龙头城市，有着优越的地理位置，背靠长江三角洲广袤的腹地。尤其是近年来，随着长三角地区快速交通网络的形成，以及区域经济协调发展和专业分工的加快，上海充分发挥人才优势、区位优势、市场优势、融资优势，在生产性服务性创意产业中取得分工优势和主导地位。长三角地区庞大的制造业更是表现出强劲的设计需求，为上海工业设计业的发展提供市场。

无论是在前期的访谈、中期的问卷调查以及后期的深度访谈中，在问及客户的空间分布时，都提到江浙两省的制造企业是其重要的客户来源。这两省的制造业都亟须转型升级，设计需求旺盛。

> “与外省市的合作主要集中在江浙两省，这两个省是我国制造业大省，有很多制造企业意识到设计的需要，重视起产品设计以及品牌营销。”
>
> ——上海GS工业设计公司创始人

目前，不同制造业的设计需求有差别，这与企业的发展阶段、企业领导人的理念等有关。一些中小型制造企业，他们已经有了设计意识，但对设计的重要性认识不足，对工业设计的认识很片面，认为工业设计仅仅是改改造型而已。这些企业不愿意在设计上进行投资，也打击了工业设计企业的积极性。

二、创意人才

本地化经济主要由劳动力集聚和知识溢出引起，高技术的小企业受这两方面影响更大。因邻近“劳动力池”（Labor Pool），人才搜索成本降低，企业可以从降低创新成本中获益。这就引发企业落户于有大劳动力市场的区域，越多的企业集聚在同一地方，劳动力池就会变大。劳动力的集聚对要求高技能熟练员工的高科技企业尤为重要。最近有研究现实：企业吸收新技术的能力主要依赖于高技能的员工，在大城市，这种趋势更加明显。因此，一个拥有丰富而又相关的劳动力池的区域，比如大都市，创新活动就更有可能发生。上海作为教育资源丰富、人才政策较宽松的大都市，具有较优的人才资源。

1. 上海本土设计教育及设计人才

根据相关数据，截至 2011 年，上海文化创意产业从业人员达到 118.02 万人，与 2010 年 108.94 万人相比，增长近 8.33%。尽管上海市文化创意产业人员数量不断增加，但与发达国家从事文化创意产业的人才总数相比，差距较远。目前，美国的创意产业人才总数已达到 3850 万人，占美国劳动力的 30%，英国创意产业人才总数 230 万，与金融人才从业数大致相当，约占总人口数的 12%。

上海创意人才一是来源本土高校及培训机构的培养，二是来自国内外其他地区。

上海拥有众多高等院校、科研院所，拥有数量庞大的研究开发队伍。文化创意产业人才的培养现阶段主要依靠在沪高校、职业技校及一些联合办学的科研机构。对于创意人才的培养，上海已初步建立一套金字塔式的培养体系。上海有十余所高校开设了文化创意类专业（见表 6.5），为输出高端文化创意产业人才，即“创意金领”提供了渠道。包括上海交通大学、同济大学、华东理工大学、华东师范大学、东华大学、上海理工大学、上海师范大学、上海工程技术大学、上海视觉艺术学院九所院校列入“上海创意产业人才培训基地”，首批挂牌的五个创意产业人才培训基地及联合办学机构，主要培训文化创意产业相关主管部门及行业协会负责人、未来文化创意产业管理者，为上海提供了一批既懂行业知识又懂管理的策划者，即“创意白领”。上海的一些职业技校包括原华山美术学院、上海出版印刷高等专科学校、海粟美术设计专修学院等为本市的“创意蓝领”提供了新生力量。上海目前创意设计人才的培养也凸显出明显的不足，主要表现在传统的学历教育培养缺乏对学生创新能力的塑造，大多数学生由于接受的知识与业界的需求脱节，无法在就职后获得业界的认同。

表 6.5　　上海部分设计类院校一览

艺术类院校	地　址
上海应用技术学院艺术设计学院	徐汇区漕宝路 120 号
东华大学服装艺术设计学院	长宁区延安西路 1882 号
华东理工大学艺术设计与传媒学院	徐汇区梅陇路 130 号
中国美术学院上海设计学院	浦东新区春晓路 109 号
东华大学机械学院	松江区人民北路 2999 号
上海第二工业大学应用艺术设计学院	浦东新区金海路 2360 号
上海交通大学媒体与设计学院	闵行区东川路 800 号
华东师范大学设计学院	普陀区中山北路 3663 号
上海电机学院	闵行区江川路 690 号
上海视觉艺术学院	松江区文翔路 2200 号
上海理工大学出版印刷与艺术设计学院	杨浦区军工路 516 号
同济大学设计创意学院	杨浦区阜新路 281 号
上海工艺美术职业学院	嘉定区嘉行公路 851 号

资料来源：方田红：《上海工业设计企业调研资料汇编》，华东理工大学，2014. 7.

第一，人才培养结构不合理。根据国际经验，合理的人才结构是类似于金字塔式的结构，高中低三个层次的文化创意人才比例要合理。东京政府在扶持动漫产业发展时，积极鼓励社会上举办各种形式的培训学校、培训班及讲座，培养了大量的动漫行业的“蓝领”阶层。与发达国家相比，上海社会培养机构仍旧欠缺，造成“创意蓝领”和“创意灰领”的缺失。第二，传统的高校教育缺乏对学生创新能力的塑造，大多数学生由于接受的知识与业界的需求脱节，无法在就职后获得业界的认同。课程设置上公共类学科数量较多，专业课开设时间较短，且科目较少，无法提供较多可供学生选择的课程。一些学校由于缺乏对口的师资，导致专业设置混乱现象严重。实践环节缺失，在校参与实践的学生为数不多。

在深度访谈过程中，所有企业都表示，人才是影响创新的最主要的原因，人才的缺乏或人才知识结构的不合理是困扰企业的大问题。尤其是既懂设计又懂管理、策划的复合型人才更是少之又少。

"目前企业共有员工22人，从事设计的有18位，其中3位是外籍。外籍设计师在为中国设计产品时，缺乏对中国文化的理解，并且稳定性较差，所以公司更倾向于中国设计师，但国内这种高端的设计师非常缺乏，成本反而比外籍设计师贵。人才是创新的根本，目前感觉国内高端设计师人才缺乏严重。另外，设计管理类人才较缺（综合性人才，既能从事设计又具有项目管理才能）。"

——上海DL工业设计公司负责人

2. 人才引进相关政策

除了本土培养创意人才，引进国内外其他地区的人才也是一种途径。改革开放后，上海作为全球最具活力的城市之一，吸引众多海内外创意人才来上海工作和生活。并有大量欧美、日本留学人员，纷纷回国选择在上海创业，出现"两栖"人才，即在上海、国外两地居住、生活与工作，这种人才是上海与异域文化交流、交融最好的使者。根据《上海市设计之都建设三年行动计划（2013～2015年）》，到2015年，要基本形成合理的设计人才结构：培育100个创意设计类领军人才和青年高端创意人才、100名左右市级工艺美术大师，引进10名以上有影响力的国际设计大师和100名左右海外设计人才。

根据历年的《中国区域创新能力报告》显示，2001～2007年，上海区域创新能力一直排名前3，但2008年以来，上海跌出前3，排到第4。近些年来，上海为了缓解人口压力，对外来人口的限制并没有放开。生活、工作成本上升很快，无形中减弱了上海对人才的吸引力。

三、创意产业发展政策

1. 创意空间（创意园区）的建设

上海创意产业发展思路源自1997年上海的第一次重大的产业结构调整，即都市产业结构调整；1998年，上海市政府提出"都市型工业"新概念；2000 年确定了 600km² 的中心城区优先发展现代服务业，6000 km² 的郊区优先发展先进制造业的布局。但 2000 年来，上海服务业在经济结构中所占比重在达到了 50% 以后，一直处于徘徊状态。上海市委、市政府也注意到了文化发展、深化体制改革与产业结构升级的相互关系。2004 年中央批准上海试行文化体制改革试点方案后，2005 年上海市委通过《上海实施科教兴市行动纲要》，要求上海的经济和社会发展真正以科学技术作为动力，在更高的层次上寻求经济和社会发展的科技支撑。2005 年 4 月，由上海市经委牵头，成立了以上海创意产业中心为平台的创意产业发展服务机构，该中心的成立标志着上海政府对创意产业正式的关注。在此以前，创意产业的发展属于一种自发状态。从 2005 年开始，上海市经信委共授牌 81 家市级创意产业园区。截至 2010 年 10 月，上海拥有 80 家市级挂牌创意产业园区，200 多家非挂牌园区。众多国际和本土创意企业纷纷落户于上海的创意产业园区内，创意产业园区成为上海创意产业发展的重要空间载体。

与此同时，上海出台一系列的地方性政策与法规，有力地推动创意园区的发展。《上海市创意产业发展“十一五”规划》对创意产业发展进行了系统部署（见表 6.6）。

表 6.6　　上海市创意产业发展“十一五”规划

分项	内　容
发展目标	2010 年，形成 100 个以上创意产业集聚区，建筑面积 150 万 ~ 200 万 m²，吸引 5000 家以上各种创意相关企业集聚，吸引一批世界级创意大师在上海设立工作室； 形成 10 个左右国内外具有影响的创意产业集聚区
发展重点	研发设计创意、文化传媒创意、建筑设计创意、咨询策划创意和时尚消费创意
发展布局	以现有创意产业集聚区为基础，结合产业结构调整、旧区改造和历史建筑保护，根据各区的区位优势和产业基础，形成功能定位合理、区域特色明显的创意产业空间布局
推进原则	坚持政府、市场和企业的合理分工定位，市、区两级政府要形成合力、共同推进，在项目实施中给予必要的产业引导、分类指导和政策支持

资料来源：方田红：《上海工业设计企业调研资料汇编》，华东理工大学，2014. 7.

在政府政策引领、催化下，全市创意产业园区发展迅速，给老建筑的改造利用提供了新的出路，也带来了创意地产的繁荣，带动了区级乃至其他更多民间自发性的创意产业园区的发展。上海前四批批准的75家市级创意产业园区见表6.7。

表6.7　　上海前四批批准的75家市级创意产业园区

产业园名称	地址	产业园名称	地址
田子坊	泰康路210弄	数娱大厦	番禺路1088号
创意仓库	光复路181号	西岸创意园	徐虹中路20号
昂立设计创意园	四平路1188号	湖丝栈	万航渡路1384弄
M50	莫干山路50号	1933老场坊	溧阳路611号
天山软件园	天山路641号	绿地阳光园	西江湾路
乐山软件园	乐山路33号	优族173号	邯郸路173号
虹桥软件园	虹桥路333号	新十钢（红坊）	淮海西路570号
传媒文化园	昌平路1000号	华联创意广场	江苏北路125号
8号桥	建国中路10号	98创意园	延平路98号
卓维700	黄陂南路700号	E仓	宜昌路751号
时尚产业园	天山路1718号	外马路仓库	外马路1178号
周家桥	万航渡路2453号	汇丰创意园	喜泰路239号
设计工厂	虹漕南路9号	智造局	蒙自路169号
同乐坊	余姚路60号	老四行仓库	光复路181号
静安现代产业园	昌平路68号	新慧谷	沪太路799号
工业设计园	共和新路3201号	梅迪亚1895	江浦路627号
张江文化科技创意产业基地	张江路69号	中环滨江128	翔殷路128号
旅游纪念品产业发展中心	人民路600号	名仕街	洛川中路1158号
2577创意大院	龙华路2577号	3乐空间	淮安路735号

续表

产业园名称	地址	产业园名称	地址
尚建园	宜山路 407 号	孔雀园	共和新路南山路 99 号
尚街 LOFT	嘉善路 508 号	南苏河	南苏州河路 1305 号
X2 数码徐汇	茶陵北路 20 号	静安创艺空间	康定路 1147 号
合金工厂	闸北区灵石路 695 号	SOHO 丽园	丽园路 501 号
天地园	中江路 879 弄	时尚品牌会所	北翟路 163 弄 30 号
逸飞创意街	浦东新区锦严路 227 号	渡边奥菲斯创（物华园）	物华路 73 号
车博会	唐家弄路 35 号	建桥 69	通州路 69 号
海上海	飞虹路 600 弄	聚为园	武夷路 351 号
东纺谷	上海平凉路 988 号	新兴港	大连路 1053 号
旅游纪念品设计大厦	傅家街 65 号	彩虹雨	北宝兴路 355 号
创意联盟	平凉路 1055 号	文定生活	文定路 204 号
建筑设计工场	赤峰路 63 号	创邑・金沙谷	真北路 988 号
通利园	周家嘴路 1010 号	长寿苏河	长寿路 19 号
智慧桥	广灵四路 116 号	SVA 越界	田林路 140 号
空间 188	空间 188	第一视觉创意广场	松江新北路 900 弄 682 号
德邻公寓	四川北路 71 号	原弓艺术仓库	仙霞路 295 弄
创邑．河	万航渡路 2170 号	临港国际传媒产业园	临港新城
创邑．源	凯旋路 613 号	古北鑫桥	虹许路 731 号
JD 制造	灵石路 709 号		

资料来源：方田红：《上海工业设计企业调研资料汇编》，华东理工大学，2014. 7.

根据上海文化创意产业发展“十二五”规划，要努力把文化创意产业打造成上海的支柱产业。在大力推动传统产业转型升级、积极培育新兴业态健康发展的前提下，重点发展媒体业、艺术业、工业设计业、时尚产业、建筑设计业、网络信息业、软件业、咨询服务业、广告会展业、休闲娱乐业等十大产业领域，形成“一轴、两河、多圈”的文化创意产业空间布局。

2. 创意内涵的建设

园区迅速发展的同时，也出现了众多问题，如创意园区变相商业开发、园区缺乏创意活动，进驻到园区的企业并非一定都是创意企业等问题。2009年，上海市政府对创意园区的发展政策进行调整，同年4月，上海市命名授牌了15家市级文化产业园，与之前的创意产业园区有较为明显的差异。2011年，《关于促进上海市创意设计产业发展的若干意见》出台，系统性地提出了促进创意产业和创意产业园区发展的新要求和新思路（见表6.8）。

表6.8　我国以及上海近几年出台的与创意产业相关的政策

年份	方向指引性表述或颁布的政策措施
2006年	（1）胡锦涛对上海提出“四个率先”要求； （2）上海“十一五”规划原则中再次明确：“优先发展现代服务业”、“注重发展知识经济”； （3）正式颁布《上海市创意指数》指标体系
2007年	习近平（时任上海市委书记）提出“大力发展现代服务业”，明确指出“创意产业”作为重点发展的四大现代服务业之一
2008年	（1）《国务院办公厅关于加快发展服务业若干政策措施的实施意见》； （2）《国务院办公厅关于印发文化体制改革中经营性文化事业单位转制为企业和支持文化企业发展两个规定的通知》； （3）《上海市人民政府办公厅关于转发市经委、市发展改革委制定的〈上海产业发展重点支持项目录（2008）〉的通知》
2009年	（1）《文化产业振兴规划》； （2）上海《关于加快本市文化产业发展的若干意见》
2010年	胡锦涛指出“创意产业蕴含着巨大发展潜力”，要真正把创意产业打造成上海经济发展的新亮点

资料来源：根据《2006～2009上海创意产业发展报告》及《“十二五”规划预研究》整理.

与前期的政策比较，可发现有以下不同：一是进一步优化明确了重点支持领域，即选择“工业设计、时尚设计、建筑设计、多媒体艺术设计等产业规模较大、产业带动效应强的创意设计行业给予重点支持”；二是在空间范畴提出了“促进创意设计业在重点产业基地和工业园区的配套布局、优化创意设计业在创意产业集聚区的建设布局、打造国家级工业设计示范园区”的发展思路；三是在人才引进、平台建设和产权保护等方面提出了政策要求。

“在十几年前经济调整中，上海完成了以创意文化为主题的园区经济建设任务，将一些旧工业厂房转变为创意园区，但这场转变更多的是形式上的转变，深度不够。2010年，上海文创办成立，上海也成功加入联合国教科文组织‘创意城市网络’，成为全球第七个被授予‘设计之都’的城市，上海政府以及设计界也都在积极地思考，如何从外壳到内容来令这座创意设计城市名副其实。”

——上海ZN工业设计公司创始人

另外，上海市政府积极推动平台建设，通过建设六大服务平台、主办国际创意产业周、组织设计大赛、成立上海创意产业知识产权联盟等，成为网络构建的“桥梁”。

为了进一步支持文化创意产业的发展，上海于2012年设立促进文化创意产业发展财政扶持资金（简称“扶持资金”），由市政府批准的财政专项资金安排。主要用于支持文化创意产业公共服务平台（简称“公共服务平台”）建设、运营和发展。从营造产业发展环境、完善产业服务体系出发，重点支持文化创意产业信息、贸易、技术、合作交流、产业对接、产业发展研究等方面的公共服务平台建设和推广应用。2013年度，上海市文化创意产业扶持资金共扶持项目245个，市级扶持资金2.87亿元，区县配套资金1.03亿元。

3. 工业设计业政策

上海政府认识到工业设计是文化创意产业与制造业结合的重要领域，是提高产品附加值、提升传统产业能级的重要途径。早在2007年就制定了

《上海工业设计产业发展三年规划》，加速产业形态由“上海制造”向“上海创造”提升。2009年起，上海开启“设计之都”“时尚之都”的打造。同时，在全国率先发布了“文化创意产业‘十二五’发展规划”，并制定了“促进创意设计业发展的若干意见”等，帮助传统产业、新兴产业了解创意设计的价值，让企业树立起“设计意识”。2011年5月，上海市正式出台了《关于促进上海市创意设计产业发展的若干意见》，进一步突出“工业设计”的重要地位。

工业设计是文化创意产业与制造业结合的重要领域，是提高产品附加值、提升传统产业能级的重要途径。经济环境的不景气，迫使企业静心思考如何推出优秀的产品或服务来拉动国内外消费，更加注重自有品牌产品的塑造。同时，经济形势的冷暖变化，一定会带来人们的生活方式和消费方式的改变，这些变化能凸显设计的魅力和效益。可以说，经济下行给上海的工业设计带来一个发展的契机。

——上海文化创意产业推进领导小组办公室副主任　贺寿昌

为了进一步推进上海“设计之都”建设，又出台《上海市设计之都建设三年行动计划（2013－2015年）》，将设计之都三年建设目标指标化。并在设计产业发展重点中第一个提出的是“大力发展工业设计，提高产业实力”：按照上海培育发展战略性新兴产业、优化提升先进制造业的要求，加强工业设计相关新材料、新技术、新工艺等的研究和应用，促进产品设计创新。重点聚焦新能源汽车、大飞机、高端船舶和海洋工程装备、轨道交通装备、休闲船艇、大型工程机械、印刷机械、数控机床、医疗器械、仪器仪表等的发展需要，提升总体设计、系统集成、试验验证、应用转化能力，加强产品和关键性零部件的外观、材料、结构、功能和系统设计；重点聚焦家用电器、生活日用品、工艺美术品、文体用品、食品、包装印刷等消费品领域，加强产品的创新设计；鼓励开展各类智能设备的研发设计（见表6.9）。

表 6.9　设计之都发展的主要指标

类别	指标名称	单位	属性	2015 年
设计产业能级提升	（1）设计产业增加值年均增幅	%	预期性	>13
	（2）设计产业增加值占全市生产总值比重	%	预期性	>4.5
人才结构优化	（3）培育创意设计类领军人才和青年高端创意人才	名	预期性	100
	（4）培育市级工艺美术大师	名	预期性	100
	（5）引进有影响力的国际设计大师	名	预期性	>10
	（6）引进有影响力的海外设计人才	名	预期性	100 左右
基地功能特色鲜明	（7）创建国家级设计产业基地	个	预期性	2
	（8）以行业设计为特色的设计之都特色产业基地	个	预期性	若干
	（9）以设计为主要业态的文化创意产业园区	批	预期性	一批

资料来源：上海市设计之都建设三年行动计划（2013～2015 年）.

四、创意氛围

1. 海纳百川的文化

海派文化是在中国江南传统文化（吴越文化）的基础上，融合开埠后传入的对上海影响深远的欧美文化而逐步形成的上海特有的文化现象。海派文化既有江南文化（吴越文化）的古典与雅致，又有国际大都市的现代与时尚，区别于中国其他文化，具有开放而又自成一体的独特风格。1843 年，上海开埠以后，各种价值观、消费观在这里碰撞，任何思潮都可以在这里找到自身发展的土壤。20 世纪 30 年代，上海有“东方巴黎”之称，也是亚洲的时尚之都和我国的文化中心。

海派文化突出的特征是“宽容”，不论是对待外地的文化还是外国文化，海派文化都采取比较宽容的态度，兼容并蓄。海派文化另一个特征则是“创新”。海派文化敢于突破陈规旧俗，勇于更新，标新立异。海派画家任伯年的商业画、刘海粟率先使用人体模特、开创机关布景等，都是“敢为天下先”的表现。上海这种海纳百川、有容乃大的气度延续至今。

今天的上海依然接纳来自世界各地、全国各地的新移民，不同民族、种族，不同的文化再次在这里碰撞与融合。这种特有的地域特征正好与创意产业发展所需要的“包容”相吻合。

刘强（2007）在其博士论文中指出上海具有对创业亲和力的城市环境。第一，上海有着深厚的商业文化，上海因商而起，无商就没有上海，所以整个城市的氛围就是商业；第二，上海有市场需求，不仅仅指上海本市，还有周围几十个上百个大大小小的城市，甚至某一小镇其经济实力都非常强；第三，上海具有包容性、多样化、有活力的现代文明，能够吸引创意精英；第四，上海城市本身就有品牌效应，上海是先进生产力集聚的地方，给外地人一个心理暗示，上海的企业都比较先进，因此也较容易接到项目。

“上海比较现代，在这里，可以接触到更先进的知识、先进文明。人际关系相对比较简单，相对轻松，没有那么多的复杂的事情要处理。”“上海是一座更有吸引力的城市，它的品味格调以及市场，比中国的其他大多数地方都要优越不少。对于一个艺术设计的工作者而言，一座海纳百川的城市是再理想不过了。”

2. 知识产权保护

工业设计业是富含知识产权的行业，而知识产权保护是工业设计业进行创新设计的动力。上海在积极响应国家法规的同时，适时制定了诸多地方规章，保护知识产权，为上海的创新发展创造良好环境（见图 6.3）。2002 年，上海市制定了《2002 年上海知识产权应对入世行动计划》；2002 年上海 19 个区县相继成立了知识产权局；2002 年 7 月 1 日实施《上海市专利保护条例》。2003 年出台《关于进一步加强本市知识产权工作的若干意见》《关于加强对外经济贸易中知识产权保护的意见》《关于加强本市高等院校知识产权工作的若干意见》等一系列政策性文件。2004 年制定了《世界博览会标志保护条例》《著作权集体管理条例》《国防专利条例》等一系列知识产权法规、规章；同年 12 月，最高人民法院、最高人民检察院颁布了《关于办理侵犯知识产权刑事案件具体应用法律若干问题的解释》；2004 年上海知识产权联席会议办公室制定了《上海市保护知识产权专项行动实施方案》等。

2012 年 7 月，上海市政府正式批准印发《上海知识产权战略纲要（2011－2020)》，力争到 2020 年，把上海建设成为“创新要素集聚、保护制度完备、服务体系健全、高端人才汇聚”的亚洲太平洋地区知识产权保护中心。2014 年 12 月 9 日，由上海市人民政府与世界知识产权组织共同主办的上海知识产权国际论坛开幕，本次论坛的主题为“知识产权与创新环境”，深入探讨知识产权与创新环境的相互关系，为上海加强知识产权工作与优化创新环境，推进充满活力的创新型城市建设提供宝贵的经验智慧。

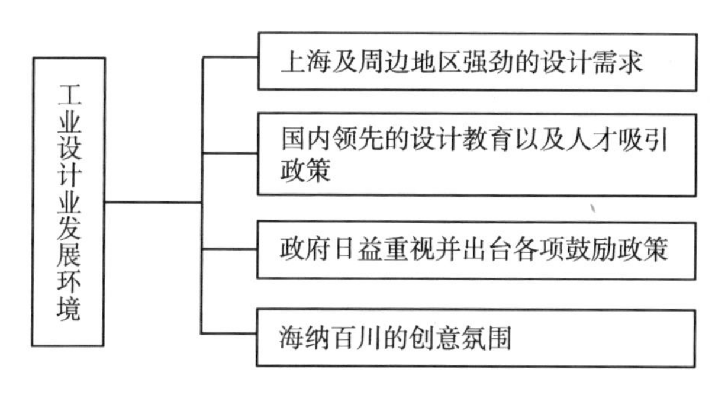

图 6.3 上海工业设计业发展环境

资料来源：方田红：《上海工业设计企业调研资料汇编》，华东理工大学，2014.7.

由以上分析可知，上海工业设计业发展环境较好，有着自身的优势与外部发展机遇。但从全球范围来看，上海总体发展水平还较低。工业设计还基本上属于制造业的附属，还没融入制造业决策环节。工业设计业完整的“生态链”“产业链”没有完全形成，设计装备、设计材料、设计工艺、设计检测等要素还没有完全融为一体；外围环境如法律、知识产权、中介等环节的建设还不尽如人意。同时，工业设计业发展本身也存在以下问题：（1）产业规模小，国际竞争力较弱，品牌企业尚未形成；（2）处于设计价值链的中低端，大部分设计公司受设计水平和营销策略等方面的局限，多数停留在单纯的设计业务交付，没有延伸到产品市场调查、产品规划、设计管理咨询等高端增值环节；（3）创新设计能力不足，多数工业设计公司处于模仿阶段，多从事一些模仿设计与改进设计工作，多数设计公司没有或极少申请专利；（4）设计公司融资难、资金缺乏问题严重；（5）设计人才缺乏，人才结构不合理，人才的流动性很大；（6）设计知识产权保护不利，设计的产品上市后迅速被模仿，不利于原创。

第三节 上海工业设计业空间分布特征

一、空间发展演化

1. 上海工业设计业发展历程

将被调研的134家工业设计企业中的每个企业看作空间上的一个点，利用地址信息并借助Google Earth对每个企业进行空间化处理，并与上海电子地图匹配，再根据企业的成立时间，可得到1980~2014年上海每年工业设计业存量与增量信息，选2014年、2000年、1990年以及1980年这4年作为重点年份进行研究，得到这4个时间节点上海工业设计企业空间分布图。

1980年，与工业设计相关的企业只有5家，这5家企业都是研究院或国有企业的设计部门。1990年，共有8家工业设计企业，新增3家企业，增长速度缓慢。2000年，工业设计企业增长速度加快，新增了19家。2010年，工业设计企业总数达到122家，新增95家企业，增长速度非常快。2014年，工业设计企业总数达到134家，新增10家。不难看出，上海工业设计业发展起步于2000年，2004年以后，上海市政府及各界开始重视创意产业的发展，此阶段工业设计企业数量增长迅速。

2. 上海工业设计企业空间集聚与演化

运用核密度估计法测量上海工业设计企业空间集聚情况。核密度估计法（Kernel Density Estimation），是一种用于估计概率密度函数的非参数方法。本书引入了快速非参数核密度估计法来模拟数据的分布情况，定量刻画和生成研究区域内目标样本点及其相关环境因子在空间上的集聚程度表面。计算公式如下：

$$\hat{f}_h(x) = \frac{1}{nh}\sum_{i=1}^{n} K\left(\frac{x - x_i}{h}\right) \tag{6-1}$$

其中 x_1，x_2，…，x_n 为样本点；h是窗宽，是控制笔记光滑性的参数；

K是以训练样本点为中心堆成的单峰核函数，本书中采用标准核高斯（Gaussian）函数，即：

$$K(x)=\frac{1}{\sqrt{2\pi}}e^{-\frac{1}{2}x^2} \tag{6-2}$$

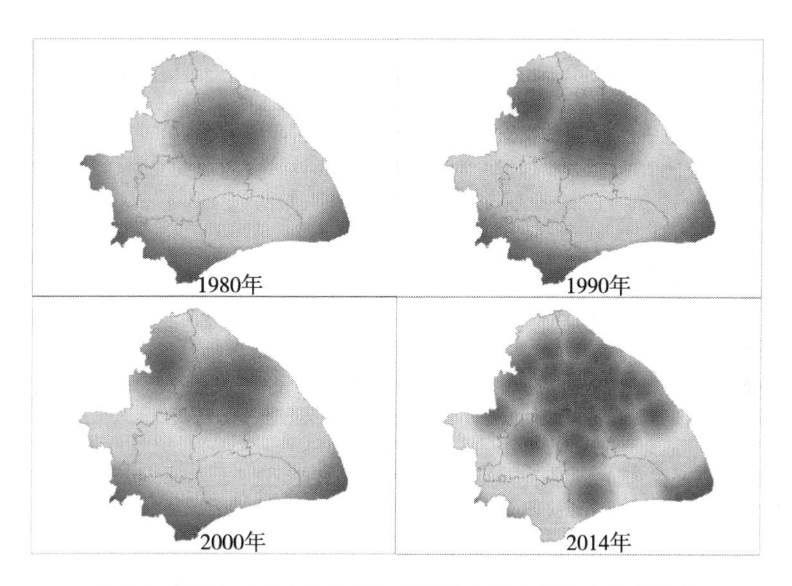

图 6.4　1980～2014 年上海工业设计企业空间分布密度演化

资料来源：方田红：《上海工业设计企业调研资料汇编》，华东理工大学，2014.7.

从图6.4可以看出上海工业设计企业在空间分布上具有明显的规律性，扎堆于中心城区，集中在浦西内环线以内，以陆家嘴为中心的浦江沿岸也有较多分布，“中心－外围”模式凸显。

二、空间分布特征

（1）上海工业设计业呈空间集聚趋势，内城区域（徐汇、静安、黄浦、普陀）与新兴城区浦东新区分布较多，郊区分布较少。浦东新区虽不算传统的主城区，但是上海改革开放的前沿阵地，自20世纪90年代以来，一直领跑上海的发展，也在着力打造文化、科技、创意相结合的创意产业。所以，从企业数量来看，浦东新区的工业设计企业数量排名第一，如果从企业分布的密度看，还是内城区域企业集聚度大（见图6.5）。

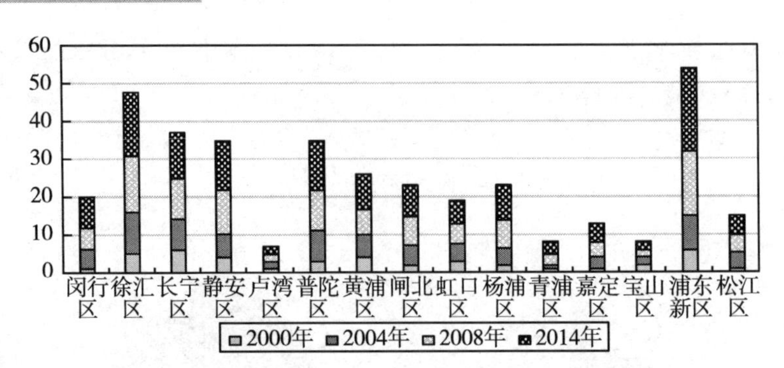

图 6.5　2000～2014 年上海各区工业设计企业数量变化

资料来源：方田红：《上海工业设计企业调研资料汇编》，华东理工大学，2014.7.

创意产业集聚发展特征已经在发达国家得到验证。创意产业鼓励个人创造力的释放，突破经济发展的资源环境约束和资本约束，成为促进经济增长方式转变的特有模式，对促进国家经济发展和提升软实力方面发挥了重要作用。所以，创意产业在西方发达国家尤其是在那些曾经是老工业基地的城市快速发展，成为内城复兴与城市增长的新兴部门。经过十几年的发展，创意产业在空间分布上呈现出集聚的特征。在纽约、东京、伦敦、阿姆斯特丹、曼彻斯特、伯明翰、慕尼黑等城市都能找到创意产业集聚区。

（2）集聚与扩散并存，在内城区域集聚不断加强的同时，工业设计企业也向城市新区扩散。

工业设计企业集聚于中心城区，但随着郊区逐渐实现城镇化以及工业化，也有少量的工业设计企业落户于郊区。闵行区地处上海近郊，是上海重要的工业基地，漕河泾开发区、闵行经济技术开发区、紫竹高新技术开发区等带动了闵行区经济的快速发展。另外，闵行区是上海最先开通地铁的区县之一，有着较便利的交通。所以，在上海郊区中，闵行区的工业设计企业相对较多。在向郊区扩散的同时，内城的集聚仍没有停止。内城的工业设计企业数量增长快于郊区。

（3）与上海现有的创意园区在空间上重叠较多，呈现向园区集聚偏好。

运用 GIS 软件，计算每家工业设计企业与最近的创意园区的空间距离，得到表 6.10，从表格中的数据可以看出，虽只有 1 家企业与创意园区 0 距离，明确表明这家企业与创意园区重合。但实际上位于园区的企业远不止 1 家，与最近的创意园区距离在 500 米以内的企业有 40 家，与最近的创意园区距离在1000米的企业有64家，这些企业不是在园区内，就是在园区附近，与园区相邻。这也充分说明了工业设计企业偏好创意园区的空间特征。

表6.10　　2013年上海市工业设计企业与最近的创意园区的空间距离　　单位：米

序号	最近距离	序号	最近距离	序号	最近距离	序号	最近距离	序号	最近距离
1	0	31	402	61	984	91	1668	121	10047
2	31	32	431	62	987	92	1686	122	10353
3	31	33	490	63	991	93	1703	123	10459
4	41	34	502	64	998	94	1729	124	10982
5	41	35	502	65	1006	95	1835	125	12220
6	41	36	524	66	1012	96	1906	126	13943
7	61	37	534	67	1017	97	1968	127	14413
8	61	38	559	68	1039	98	2027	128	15420
9	62	39	570	69	1056	99	2038	129	16984
10	62	40	593	70	1061	100	2455	130	18198
11	81	41	601	71	1061	101	2654	131	19620
12	106	42	612	72	1073	102	2873	132	21091
13	122	43	628	73	1120	103	2919	133	21702
14	162	44	647	74	1152	104	2982	134	26274
15	162	45	690	75	1194	105	3048		
16	170	46	696	76	1216	106	3308		
17	181	47	717	77	1220	107	3528		
18	272	48	741	78	1236	108	3582		
19	280	49	746	79	1247	109	3778		
20	293	50	747	80	1262	110	3885		
21	302	51	755	81	1263	111	4555		
22	318	52	827	82	1265	112	4746		
23	323	53	852	83	1268	113	4808		
24	339	54	901	84	1312	114	5059		
25	340	55	910	85	1319	115	5101		
26	345	56	921	86	1331	116	5277		
27	349	57	929	87	1456	117	5685		
28	359	58	951	88	1515	118	6659		
29	378	59	967	89	1524	119	6889		
30	402	60	981	90	1540	120	9080		

资料来源：方田红：《上海工业设计企业调研资料汇编》，华东理工大学，2014.7.

三、空间集聚影响因素

企业选址的影响因素是非常复杂的，并且也是难以量化的。早期韦伯提出经典工业区位模型，认为影响企业区位的最大问题是运输成本问题，如何达到成本最小化是企业选址时要重点考虑的问题。随后Isard将经济学分析框架引入该模型，Losch强调企业区位选择中市场的重要性，企业一般选择利润最大的区位进行投资。这些经典的区位理论都侧重经济因素，认为企业在选择区位时主要考察如何降低成本和集聚经济两个要素。随后，Marshall从劳动分工出发，认为劳动力市场的共享、非贸易投入品的获取和知识溢出等地方化经济是集聚的动力。除经济因素外，制度因素也至关重要。Gordon（2000）认为企业间的信任、嵌入性和社会网络对企业区位的选择有重要影响。

早期研究主要是针对工业企业，随着生产性服务业的兴起，学者们开始关注生产性服务业的区位选择。如Coffey等对加拿大蒙特利尔的生产者服务业、Taylor等对伦敦金融产业、Aguilera对法国里昂商务服务业企业的空间集聚与区位选择的研究等都采用问卷调查法进行的。

在前人的研究基础上，再考虑工业设计业特征，本书设计了一份调查问卷（见表6.11），调查问卷是由16个项目组成。问卷的评价选项分从低到高分为五项，分别赋分1～5分，代表“非常不重要”“不重要”“一般”“重要”“非常重要”5级。

从总体来看，16个影响因素平均得分为3.4，介于“一般”和“重要”之间，除“政府资金支持”“公共服务设施”“分享竞争者的市场份额”得分低于3外，其余13个因素得分都大于3，表明这些因素对工业设计企业集聚的影响均在“一般”水平之上。如果将得分在3.5以上的因素作为集聚因素，会发现“创意氛围”“交通条件”“地价和房租”“毗邻高校”“集聚效应”“城市规划”“政府优惠政策”等7个因素成为集聚因素，其中“创意氛围”“地价和房租”“集聚效应”以及“政府优惠政策”等几个因素的得分在4分以上，是目前上海工业设计业集聚的最主要的因素。

表 6.11　　上海市工业设计企业集聚影响因子评价

类别	影响因素	得分
整体商务环境	交通条件	3.2
	创意氛围	4.4
	办公楼特质	3.5
	地段的知名度	4.3
	地价和房租	4.2
服务设施	公园、绿地、各类展馆等	2.3
外部经济性	毗邻主要客户	3.0
	获得实时信息	3.2
	集聚效应	4.2
	获取其他企业的经营经验	3.2
	分享竞争者的市场份额	2.0
人力资源	毗邻高校	3.1
	获取高素质劳动力	3.2
政府行为	城市规划	3.6
	政府优惠政策	4.1
	政府资金支持	2.4
平均得分		3.4

资料来源：方田红：《上海工业设计企业调研资料汇编》，华东理工大学，2014.7.

由以上数据可以看出，作为小微型企业，因支付租金能力较弱，一般不会选择高档的写字楼，又因为其本身的创意特质，再加上政府鼓励创意企业入园的政策等因素的影响，他们倾向于选择创意氛围浓厚的创意园区，以获取集聚效应（见图6.6）。

这些企业在选址时特别看重创意氛围，倾向于选择具有地方特质的地段。由特殊的地方特质以及众多创意企业集聚在一起所营造出来的创意氛围隐含着丰富的缄默知识（tacit knowledge），这些缄默知识只有通过面对面的交流才能得到传递。这种创意氛围有利于激励创意设计者的创作灵感。

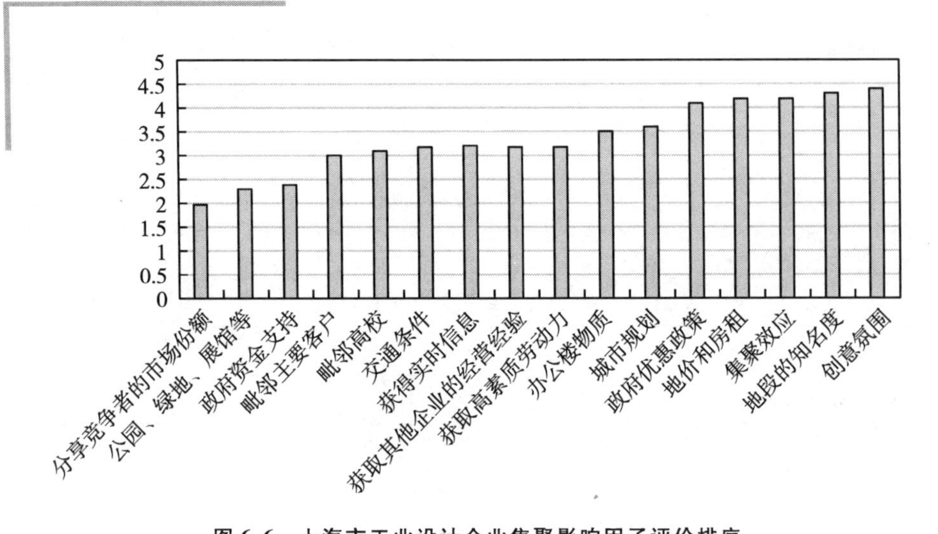

图 6.6　上海市工业设计企业集聚影响因子评价排序

资料来源：方田红：《上海工业设计企业调研资料汇编》，华东理工大学，2014.7.

通常认为创意企业倾向于集聚在高校周边。此次调研结果显示，毗邻高校是工业设计企业集聚的重要因素之一，但并不是最主要原因之一。在后续的深度访谈中了解到，设计企业选择在上海落户时，设计类院校以及设计人才是其重要的考量因素之一，但在上海市范围内微观选址时，并没刻意要邻近高校。

根据武汉大学中国科学评价研究中心出版的 2014～2015 年《中国大学及学科专业评价报告》，工业设计专业前 20 名包含上海交通大学、同济大学、华东师范大学的工业设计专业，同时这三所大学同属 985 类院校，这三所大学在上海具有一定的代表意义。为了更清楚地确定工业设计企业与大学的空间关系，拟选择这三所大学，运用 GIS 软件，分别计算距离上海交通大学（华山路校区）、同济大学（四平路校区）以及华东师范大学（中山北路校区）0 公里至 45 公里以内工业设计企业数量，得到表 6.12 和图 6.7。从图中可以看出，距离高校 10 公里以内是工业设计企业分布较密集区域。上海交通大学（华山路校区）地处徐家汇中心市区，周边所分布的工业设计企业相对密集，但总的来看，工业设计企业并没有很明显的大学趋向。

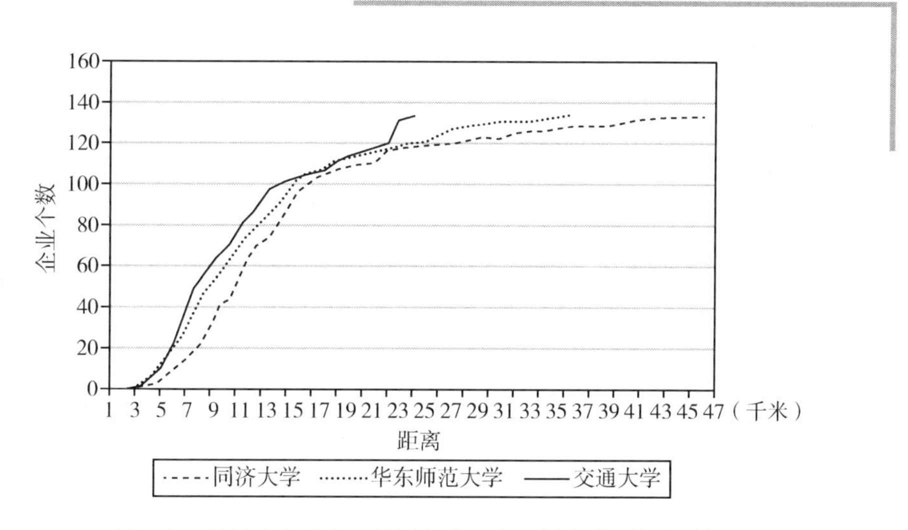

图 6.7　2014 年上海市工业设计企业与三所大学空间邻近性

资料来源：方田红：《上海工业设计企业调研资料汇编》，华东理工大学，2014.7.

表 6.12　　2014 年上海市工业设计企业与三所大学空间关系

距离（千米）	同济大学 企业个数（个）	华东师范大学 企业个数（个）	交通大学 企业个数（个）
0	0	1	0
1	1	1	2
2	3	8	7
3	7	17	16
4	12	24	30
5	18	36	49
6	26	48	58
7	39	55	65
8	45	64	72
9	60	74	82
10	71	80	89
11	75	87	97
12	84	93	101

续表

距离（千米）	同济大学企业个数（个）	华东师范大学企业个数（个）	交通大学企业个数（个）
13	96	102	103
14	101	107	105
15	105	108	107
16	107	111	110
17	109	112	114
18	110	113	116
19	111	116	118
20	116	117	120
21	118	119	132
22	118	121	134
23	119	121	
24	120	124	
25	120	127	
26	122	128	
27	123	129	
28	123	130	
29	123	131	
30	126	131	
31	126	131	
32	126	133	
33	128	133	
34	129	134	
35	129		
36	129		
37	129		
38	130		

续表

距离（千米）	同济大学 企业个数（个）	华东师范大学 企业个数（个）	交通大学 企业个数（个）
39	132		
40	132		
41	133		
42	133		
43	133		
44	133		
45	134		

资料来源：方田红．上海工业设计企业调研资料汇编．华东理工大学，2014.7.

在城市尺度上，不少学者论述了创意企业与大学的关系。如国外知名创意产业研究学者 Scott 认为创意产业的发展是一个一个“创意场域（creative field）”的发展，创意场域一般由基础设施和地方学校、大学、研究机构、设计中心等社会间接资本组成。Diez 的研究认为，创意企业与供应商、竞争对手、服务业机构、研究机构位于同一个区域内就可以促进创新，其研究的区域尺度是西班牙巴塞罗那地区和加泰罗尼亚地区。Cooke 指出因为空间邻近性能降低交流的成本，更易于建立合作关系及信任，更易传播隐性知识，由于统计数据的限制，他研究的集群所覆盖的空间多为一个都市区范围或较大的行政区域，如通过对法国巴黎以及赫尔辛基城区的研究，发现大学研究对区域集群的产品革新——尤其是在艺术设计技术的接口上具有重要作用。由以上的研究可知，在城市尺度上，大学与创意企业具有相关性。上海工业设计业领先于全国其他城市，也与上海的高等教育分不开，工业设计企业在距离大学 10 公里以内集聚，也充分验证了以上观点。但就上海城市内部来看，并没有在某个大学周围形成工业设计业集群。究其原因，或许是因为上海目前还没有哪个大学的工业设计专业有足够的吸引力，能够产生强大的知识溢出，促使企业自然而然地选择在大学周围落地，形成如环同济大学的以建筑设计、城市规划为主的创意集群。

第七章

上海工业设计业合作网络特征

第一节

网络特征测度指标

陈学光（2007）从“质”和“量”两个维度来分析网络特征。“质”的维度包括关系强度、关系久度和关系质量；“量”的维度包括网络规模、网络范围与网络异质性。

一、“质”的维度

1. 关系频度

关系频度也就是关系强度，也就是 Granovetter 所定义的关系根植性（Granovetter，1985；Uzzi and Lancaster，2003），主要是指两个合作者之间的二元关系的质量和强度，具体表现在互动时间的长短、情感的亲密性、互信和基于互惠的维护等方面。Granovetter 认为经常的互动、亲密的好感以及持续的友谊等强联系可以促进深度合作，增进彼此的信任，能够获得更多高质量的信息和隐性知识（见图 7.1）。Nelson（1989）发现一个组织结构里群体之间的强联系有益于冲突的避免和解决。

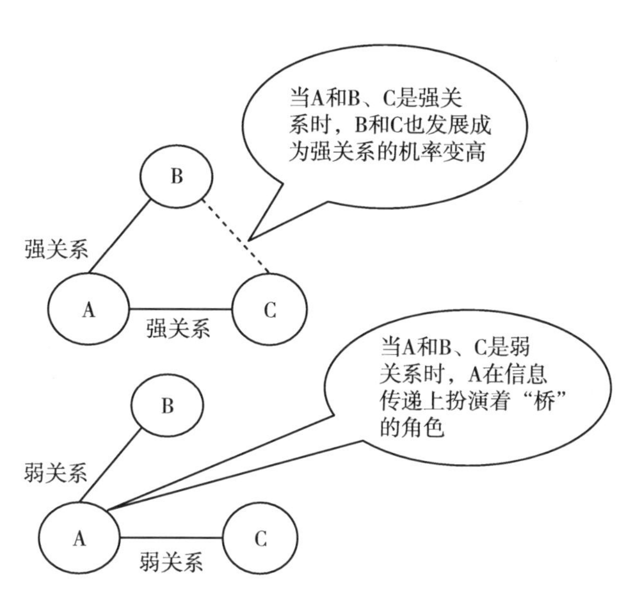

图 7.1 合作网络“结构洞”

资料来源：罗家德（2005）.

同时，学者们也关注到弱联系的积极作用，Granovetter（1973）认为弱联系是获得新知识、推荐、工作和其他资源的主要来源。Kraatz（1998）也认为网络间的弱联系能够提高互动内容的广度，增进网络的灵活度，而强联系更关注互动的深度，较容易使网络产生惰性与束缚，形成网络锁定。进一步的比较研究则发现关系强度对企业的影响取决于产业所处的进化阶段。强联系对处于新兴市场和科技的早期阶段的企业是有利的（如半导体），而弱联系对于处于成熟期的企业更加有益，如钢铁工业（Rowley et al.，2000）。除了关系强度，在经济地理方面的邻近性研究也对依靠在不同维度如认知、社会、制度、机构和地理临近上的成员之间相似性所带来的创新成果进行了理论化（Boschma and Frenken，2010；Boschma，2005）。

2. 关系久度

关系久度是衡量网络关系稳定性的重要指标，是指焦点企业与其合作交流的时间长度。一般认为，长久的关系有利于形成相互信任，降低相互的监督成本，提高行动的一致性，能够交流一些更重要的知识和信息，对企业的绩效有着积极的意义。从一些研究来看，Dwyer（1980）和 Johnson

等（1996）认为长期导向下的合作关系有利于提升互动质量，减少相互之间机会主义行为的发生；类似的，Anderson 等（1990）、Morgan 等（1999）研究发现，持久的合作关系使双方能够共享有价值的信息，降低双方预期的不确定性；Turnbull 等（1996）进一步指出，在复杂变动的环境下，持久的交往关系有助于促进合作双方的沟通，使沟通的内容更加丰富多样，能够减少双方的合作风险；在关系处理过程中不可避免地发生冲突事件，但对关系持久的预期和努力有助于消除消极的行为，冲突对互动质量也有负面影响。当然，保持持久的关系，也有负面影响，如维持成本高、关系锁定等（邬爱其，2004）。

3. 关系质量

Dorsch（1998）等认为关系质量是测度网络关系特征的一个重要指标，主要用信任、承诺和满意三个维度来衡量（Walter，2003）。在产业集群中，由于地理邻近，企业间的关系往往超越了正式的以契约为主要形式的交易关系，而形成了基于友谊与互惠基础上的高度信任关系和紧密社会网络。

二、“量”的维度

“量”的维度特征可以采用网络规模、网络范围和网络异质性等指标来反映。

1. 网络规模

网络规模（network size）是焦点企业在技术创新过程中形成的网络关系数量总和的大小，也反映了焦点企业可以获取的资源的丰裕程度（Allen，2000；Boase，Wellman，2004）。用主要的创新伙伴数量之和来表示网络规模的大小。本书为了表达方便，用“关系广度”来替代“网络规模”。

2. 网络范围

网络范围（network range）是指焦点企业与合作伙伴之间关系种类的数目，代表焦点企业可以动员和整合的目标资源的可能性的大小（Freeman，1999）。由于网络关系代表的是信息、知识等重要资源流动的渠道，所以，对于焦点企业而言，网络关系也是获得信息和知识等创新资源的手段。同样，网络范围的大小意味着焦点企业获取创新资源的手段和方式等的灵活性和多样性程度。与网络规模的侧重点不同，即使针对同一个创新伙伴，也有可能有多种协作方式，因此，网络范围更强调焦点企业获取创新资源的手段或方式的多样性。Schutjens 和 Stam（2003）从商业网络的角度，将网络范围视为焦点企业与销售、代理、外购和合作有关的业务关系的集合，包括销售关系、与供应商的关系、与承包人的关系以及与有关营销、销售、供应和创新部门的关系等。为了描述网络范围，有的学者利用网络位置来刻画焦点企业联结方式的多样化程度，位置中心度越高，获得联结方式越多（Wellman，1983）。

3. 网络异质性

网络异质性（network heterogeneity）与网络规模、网络范围指标不同，不是侧重于测度网络中创新伙伴或创新资源的总量以及交往手段的多样性或灵活程度，而是侧重于描述创新伙伴类型或创新资源类型种类的差异程度。网络规模大并不代表网络异质性就大，同一合作网络中完全可以出现网络规模大，而网络异质性小的特征。比如，一个合作网络中联系伙伴的数目较大，但如果大多数都是同类型联系伙伴，这就意味着网络异质性小。而网络内企业类型的多样化对企业的技术创新也会形成重要的支持作用，创新伙伴多样化能为焦点企业提供全方位或互补性的支持。有的学者将网络关系中资源的范围中最丰富和最贫乏的有价值资源之间的距离定义为网络位差（李煜，2001），来间接测度网络的异质性。网络位差可以体现出网络成员的异质性程度或网络的非冗余度（network nonredundancy）（Marsden，1990；Butt，1992）。邬爱其（2004）、马刚（2005）在国内的一些实证研究中，在测度方法上，主要采用网络中同一类型的合作伙伴之间的规模差距来衡量，差距越大表明异质性越高。

本书试图从关系频度、关系广度（即网络规模）以及关系久度三个角度去分析工业设计业的合作网络。在问卷试调查中，多家被调查公司表示，很多工业设计公司成立的时间比较短，“关系久度”不能反映他们的网络特征。所以在随后的正式调查问卷中，删除了“关系久度”这项，保留“关系强度”“关系广度”两个指标。为了进一步搞清楚“关系久度”对合作网络的影响，在后期的深度访谈中，有针对性地提出了这个问题，即“与各个伙伴合作时间的长短是否影响企业创新”。

第二节 网络关系统计特征

根据前期调查问卷以及深度访谈获取的数据，对合作网络关系进行统计分析。

一、网络关系频度

1. 计算四个空间尺度上各节点总的关系频度

先计算每个空间尺度上各个节点关系频度的平均值，然后将这四个空间尺度上平均值相加再求平均值，得到如表 7.1 的数据。本题是按 7 分制来打分的，最高 7 分，最低 1 分。从表中数据很容易看出，四个空间尺度上，焦点企业与各个节点的关系强度都不大，得分最高的是与主要客户（3.35），其他依次是主要同行（2.85）、行业协会（2.25）、科研院校（2.05）、后服务商（1.88）、前服务商（1.85）、政府部门（1.5）、相关金融机构（1.5）等（见表 7.1 和图 7.2）。

表 7.1　2014 年上海工业设计企业合作网络设计企业与各节点关系频度

各节点	关系频度平均值
前服务商	1.85
后服务商	1.88
主要客户	3.35
主要同行	2.85
相关科研院校	2.05
政府部门	1.50
相关金融机构	1.50
行业协会	2.25

资料来源：方田红：《上海工业设计企业调研资料汇编》，华东理工大学，2014.7.

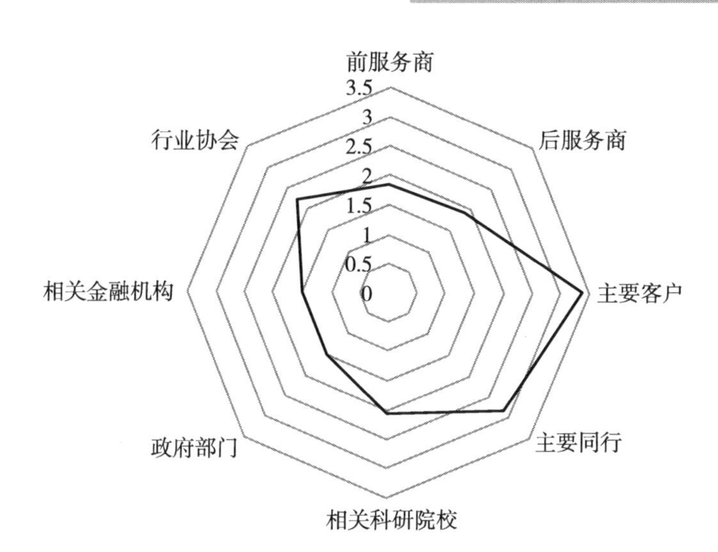

图 7.2　2014 年上海工业设计企业合作网络设计企业与各节点关系频度

资料来源：方田红：《上海工业设计企业调研资料汇编》，华东理工大学，2014.7.

2. 分别计算四个空间尺度上的各节点关系频度

分别计算四个空间尺度上每个节点关系频度的平均值，得到如表 7.2 所示数据。

表 7.2　2014 年不同空间尺度上海工业设计企业合作网络各节点关系频度

各空间 / 各节点	园区	城市	国家	全球
前服务商	1.0	2.5	2.2	1.7
后服务商	1.0	2.5	2.3	1.7
主要客户	1.3	5.2	3.8	2.1
主要同行	3.1	2.8	2.6	3.1
相关科研院校	1.2	3.3	2.1	1.6
政府部门	1.0	2.5	1.5	1
相关金融机构	1.1	1.7	1.4	1.3
行业协会	1.0	3	1.9	1.8
平均值	1.34	2.94	2.23	1.79

资料来源：方田红：《上海工业设计企业调研资料汇编》，华东理工大学，2014.7.

从关系强度角度来看，不论在哪个空间尺度上，工业设计业合作网络都不发达，但在不发达的合作网络中，不同空间尺度上差异性还比较大。城市是关系频度（2.94）最大的一个尺度，其次是全国尺度（2.23），随后是全球尺度（1.79），最后才是园区尺度（1.34）（见图7.3）。

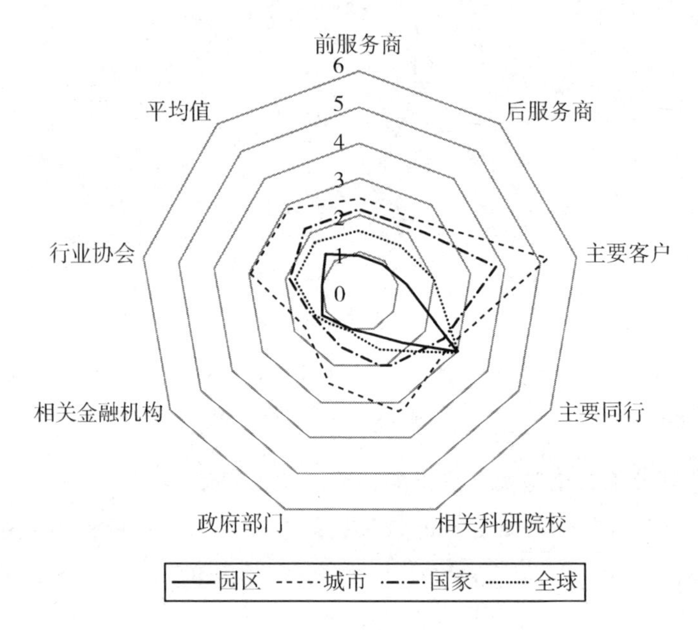

图7.3 不同空间尺度上海工业设计企业合作网络各节点关系频度

资料来源：方田红：《上海工业设计企业调研资料汇编》，华东理工大学，2014.7.

二、网络关系广度

1. 计算四个空间尺度上各节点总的关系广度

先计算每个空间尺度上各个节点关系广度的平均值，然后将这四个空间尺度上平均值相加再求平均值，得到如表7.3数据。本题是按7分制来打分的，最高7分，最低1分。从表中数据很容易看出，四个空间尺度上，焦点企业与各个节点的关系广度都不大，得分最高的是与主要客户（3.78），其他依次是主要同行（2.73）、前服务商（1.68）、后服务商（1.58）、政府部门（1.55）、行业协会（1.50）、相关金融部门（1.20）（见图7.4）。

表 7.3　　2014 年上海工业设计企业合作网络设计企业与各节点关系广度

各节点	关系广度平均值
前服务商	1.68
后服务商	1.58
主要客户	3.78
主要同行	2.73
相关科研院校	1.40
政府部门	1.55
相关金融机构	1.20
行业协会	1.50

资料来源：方田红：《上海工业设计企业调研资料汇编》，华东理工大学，2014.7.

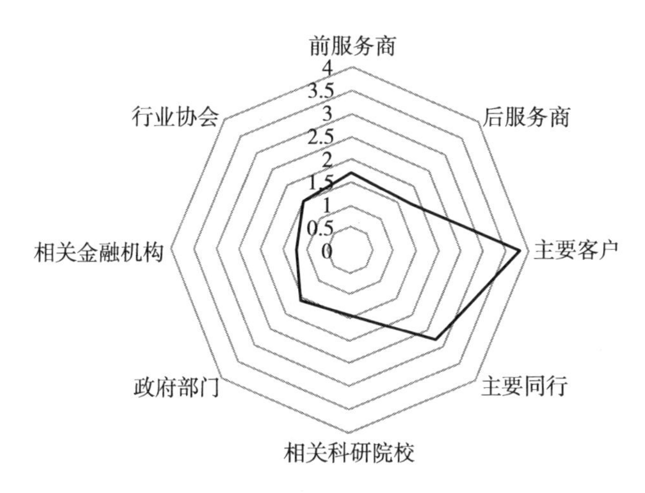

图 7.4　与各节点的关系广度

资料来源：方田红：《上海工业设计企业调研资料汇编》，华东理工大学，2014.7.

2. 计算四个空间尺度上的各节点关系广度

计算四个空间尺度上每个节点关系广度的平均值，得到如表 7.4 数据。从关系广度角度来看，不论在哪个空间尺度上，工业设计业合作网络都不发达，但在不发达的合作网络中，不同空间尺度上差异性还比较大。城市是关系广度（2.46）最大的一个尺度，其次是国家尺度（2.13），随后是全球尺度（1.5），最后才是园区尺度（1.2）（见图7.5）。

表7.4　　不同空间尺度上海工业设计企业合作网络设计企业各节点关系广度

各节点	园区	城市	国家	全球
前服务商	1.0	2.2	1.8	1.7
后服务商	1.0	2.2	1.8	1.3
主要客户	1.3	6.6	5.3	1.9
主要同行	1.8	2.7	3.8	2.6
相关科研院校	1.0	2.1	1.5	1
政府部门	2.0	1.8	1.4	1
相关金融机构	1.0	1.4	1	1.4
行业协会	1.0	2	1.6	1.4
中介服务（咨询）机构	1.0	1.1	1	1.2
平均值	1.26	2.63	2.28	1.54

资料来源：方田红：《上海工业设计企业调研资料汇编》，华东理工大学，2014.7.

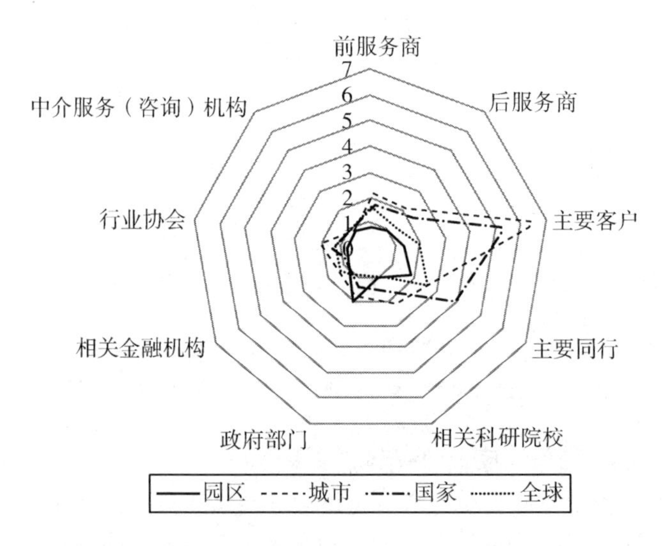

图7.5　2014年不同空间尺度上海工业设计企业合作网络各节点关系广度

资料来源：方田红：《上海工业设计企业调研资料汇编》，华东理工大学，2014.7.

第三节

合作网络结构特征

一、合作网络不发达，以单线链接为主

从关系频度与关系广度可知，上海工业设计业合作网络总体很不发达。发达的网络关系建立是需要时间积淀，我国以及上海的工业设计公司成立时间都不长，工业设计业本身处于发展的初级阶段，决定了其合作网络的初级性。

链接方式以单线链接为主。上海工业设计业合作网络处于发展的初期阶段，由于网络规模和企业自身规模都较小，网络中的各主体之间的联系并不紧密，形成以设计企业为核心的单线链接方式。设计企业与网络中各主体企业发生关系，但这些主体彼此间并没有什么关联（见图7.6）。

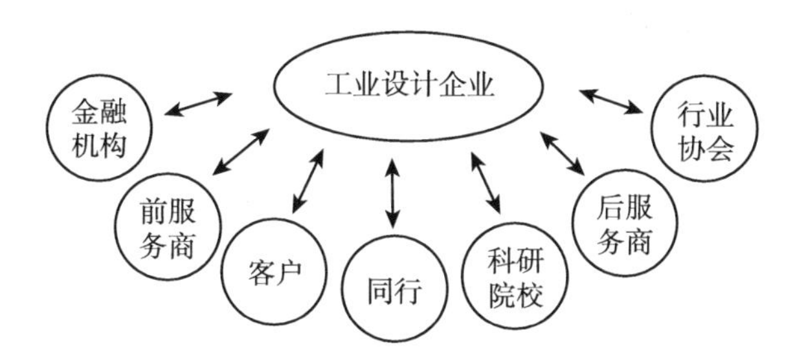

图7.6　以设计企业为核心的上海设计产业网络单线链接示意

资料来源：方田红：《上海工业设计企业调研资料汇编》，华东理工大学，2014.7.

二、关系频度与关系广度表现具有一致性

将关系频度与关系广度进行对比，可以看出，关系频度与关系广度基本具有一致性，关系频度大的节点也是关系广度大的节点。在科研院校以及行业协会这两个节点上，关系频度与关系广度有所出入。这主要是因为科研院校、行业协会不像企业数量众多。在上海，有工业设计专业的院校并不是很

多，企业与高校合作也比较偏向于选择知名的大学，这样能跟企业合作的高校进一步减少。在访谈过程中，被提的高校频率比较高的是上海交通大学、同济大学、华东师范大学、华东理工大学等。上海大部分工业设计企业目前自身规模、能量还非常小，也使得其合作的高校数量不会多。选择一两所大学，与其做深入的合作，这是目前大部分工业设计企业在做的事情。在行业协会这个节点上，也同样存在这个问题。行业协会本身数量有限，使得企业与行业协会的关系广度比较低（见表7.5、表7.6和图7.7）。

表7.5　2014年上海工业设计企业合作网络关系频度与关系广度总平均值对比

各节点	关系频度	关系广度
前服务商	1.85	1.68
后服务商	1.88	1.58
主要客户	3.35	3.78
主要同行	2.85	2.73
相关科研院校	2.05	1.40
政府部门	1.50	1.55
相关金融机构	1.50	1.20
行业协会	2.25	1.50

资料来源：方田红：《上海工业设计企业调研资料汇编》，华东理工大学，2014.7.

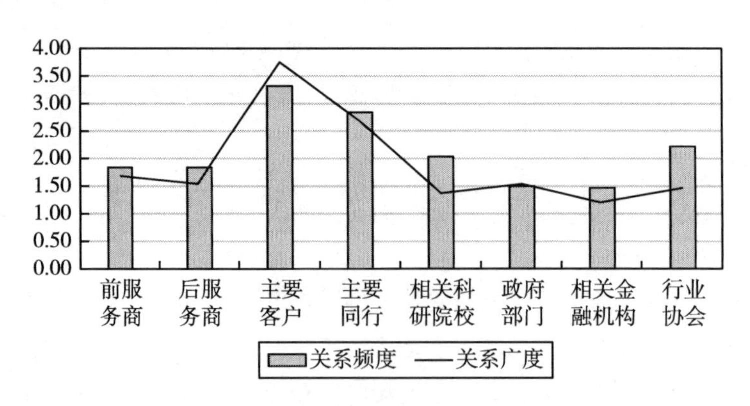

图7.7　关系频度与关系广度总平均值对比

资料来源：方田红：《上海工业设计企业调研资料汇编》，华东理工大学，2014.7.

表 7.6　　2014 年不同空间尺度上海市工业设计企业合作网络关系频度与关系广度对比

各节点	园区		城市		国家		全球	
	关系频度	关系广度	关系频度	关系广度	关系频度	关系广度	关系频度	关系广度
前服务商	1.0	1.0	2.5	2.2	2.2	1.8	1.7	1.7
后服务商	1.0	1.0	2.5	2.2	2.3	1.8	1.7	1.3
主要客户	1.3	1.3	5.2	6.6	3.8	5.3	2.1	1.9
主要同行	3.1	1.8	2.8	2.7	2.6	3.8	3.1	2.6
相关科研院校	1.2	1.0	3.3	2.1	2.1	1.5	1.6	1
政府部门	1.0	2.0	2.5	1.8	1.5	1.4	1	1
相关金融机构	1.1	1.0	1.7	1.4	1.4	1	1.3	1.4
行业协会	1.0	1.0	3	2	1.9	1.6	1.8	1.4
平均值	1.3	1.2	2.8	2.46	2.1	2.13	1.7	1.5

资料来源：方田红：《上海工业设计企业调研资料汇编》，华东理工大学，2014.7.

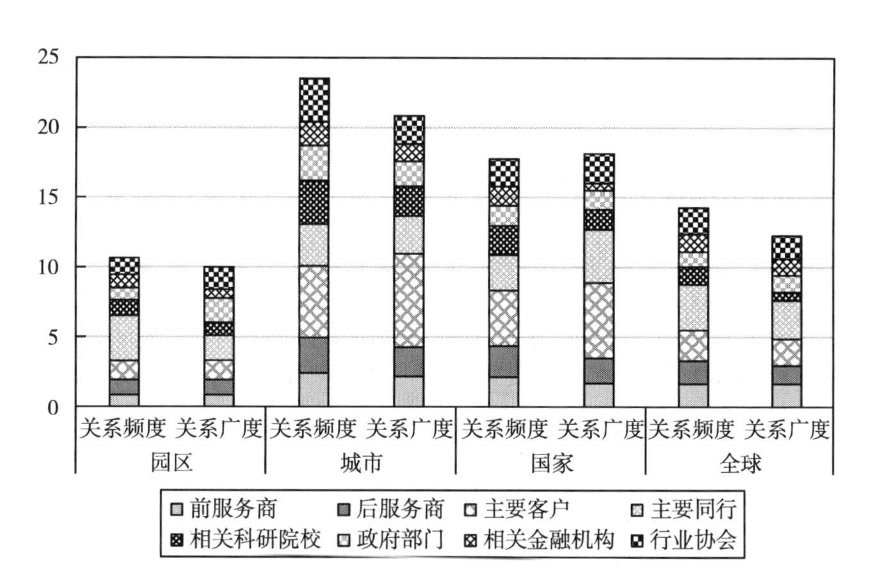

图 7.8　不同空间尺度上海工业设计企业合作网络关系频度与关系广度对比

资料来源：方田红：《上海工业设计企业调研资料汇编》，华东理工大学，2014.7.

三、与设计产业链上下游节点联系弱

工业设计企业与产业链上下游节点联系较弱。工业设计业产业链包括设计前服务（市场调查/咨询、设计业务信息、新材料供应等）、设计创意生产（概念设计、产品设计、结构设计）、设计后服务/产品供应（模具/模型制作、测试/专业软件分析、创意产品制作、设计服务营销）。

不论是从关系频度还是从关系广度来看，工业设计企业与其上下游的前服务商和后服务商联系都非常微弱（见表7.7）。

表7.7　　　　与前后服务商的关系

网络节点	关系频度	关系广度
前服务商	1.85	1.68
后服务商	1.88	1.58

资料来源：方田红：《上海工业设计企业调研资料汇编》，华东理工大学，2014.7.

1. 与前服务商

（1）设计咨询。

设计前服务商包括提供市场调查/咨询、设计业务信息、新材料等企业。

要设计出创新的好的产品，必须要了解用户的真正需求，在每个项目的前期，设计企业要重视对用户的研究与测试，了解目标群体的心理特征、审美、时尚等信息。所以在设计前，设计研究是非常重要的。通过访谈得知，上海工业设计企业大部分是自己独立地进行市场调研，获得市场信息，与专业的市场调研/咨询公司的合作不是很多。有些设计公司包揽产业链上下游各个环节的业务，如“Design house”，提供从设计研发到量产之前的整体解决方案。

设计咨询、设计研究本身是产品设计的重要前提。但我国目前，一是这种专业的独立的设计咨询公司非常少；二是国内一些工业设计公司一般规模都很小，经济实力有限，一般也不会去大的咨询公司购买昂贵的咨询服务；三是国内很多工业设计公司都称自己也做设计前用户需求、市场需求研究，不需要与专业的设计咨询、设计研究的公司进行接触。如国内较知名的工业设计公司洛可可以及木马都注册有专门的设计咨询公司，将设计咨询、产品设计以及设计服务集于一身。所以，独立的设计咨询/设计调研公司不是工业设计业合作网络中的重要节点。

> 过去设计公司的工作方式是等客户提出需求后，再进行设计。现在我们则主动往上游延伸，去市场寻找消费者的新需求，然后把它变为一个设计方案。最近一个成功的案例是我们设计的“亲情手机”。其实，它就是一种专门供老年人使用的手机，针对老年人眼神不好、喜欢听收音机、半夜起床较频繁的特点，不仅设计了大数字键，在手机内还安置了收音机和手电筒，还有“一键求救”的功能。当我们把这款手机与一制造商合作推出后，其在海外的销售非常好，我们的利润也达到了单纯做设计时的10～50倍。
>
> ——深圳嘉兰图设计有限公司副总裁

（2）材料供应商。

新材料供应商是设计的前服务企业之一。在产品设计中，新材料作为组成产品性能的一个重要元素，对于完善产品的功能和丰富产品的内涵有着重要的作用。由于工业设计企业在做产品设计时，对材料的需求是非常有限的，所以，与新材料供应商进行合作的机会很少，可以说是新材料技术本身而不是新材料供应商对工业设计业创新有促进作用，新材料供应商在工业设计业合作网络中不是重要节点。

2. 后服务商

当前工业设计业的盈利模式决定了其与后服务商之间的关系较弱。当前工业设计业的盈利模式主要是接受客户企业委托，靠收取设计费来获取盈利。工业设计业提供给客户企业的产品更多时候就是一些图纸，并不需要自己参与产品的生产环节。

目前，上海也有少数工业设计企业，除了接受客户企业的委托为其设计产品外，也自我研发，设计出好的产品后，并不急于将之卖给其他制造企业获取设计服务费，而是创立自己的品牌，寻找生产商去生产，从而获取更大的利润。这种情况下，工业设计企业与下游生产商之间的关联将会增大。如上海木马工业设计公司旗下的自主品牌“漫生快活”①、上海威曼工业设计公司即是此类型的企业。

基于对长三角及周边地区的资源整合能力，威曼设计不断提高设计服务水平，将服务范围逐渐向上下游延伸。经过近十年的沉淀积累，目前与国内众多营销策划公司、研究机构、调研机构、专利服务机构、模具制造、五金加工、塑胶、玻璃、陶瓷、表面处理等企业拥有广泛深入的合作，可以根据客户实际需求快速地建立生产配套资源，为客户提供从“设计”到“制造”的全程式服务②。

四、与客户企业、同行、行业协会及科研院校等节点联系相对较强

1. 客户企业

与客户的关系频度达到3.35，关系广度达到3.78，得分都不高，但却是网络所有节点中得分最高的。可以说，客户是驱动工业设计业发展最重要的外在力量。

（1）客户是驱动工业设计创新的重要力量。

Muller和Zellker（2001）强调了知识密集型服务业一般具有三个重要特征：知识密集；咨询功能；服务过程中和客户的密切互动（Haataja and Okkonen，2004）。工业设计企业一般是接受客户企业定制，根据客户企业的需求设计产品及服务，在提供设计服务时，需要与客户密切互动，所设计出来的产品或服务具有非标准化特征。客户企业将最终设计成果产品化、商业化。在这个过程中，工业设计业运用设计的方法将最新的科技成果、市场需求、文化艺术、流行趋势等要素进行整合，为企业开发新产

① “上海漫生快活生活用品有限公司”是木马工业产品设计公司旗下一个具有浓厚东方意蕴的新瓷器品牌，将来自景德镇的艺人与木马的新生代设计师聚于一堂，由“木马设计”提供全面设计解决方案。

② 摘自上海威曼设计公司网站。

品、改良旧产品，提高客户企业产品的市场竞争力。同时，客户企业的创新也会对设计企业提出更高层次的需求，带动设计企业一同创新。客户企业将设计创新成果产品化、商业化，而这恰恰又是设计企业创新动力所在。

青蛙设计公司是德国最有名的设计公司之一，该公司在全球各地开展业务，客户多为全球知名企业，如AEG、苹果、柯达、索尼、奥林巴斯、AT&T等跨国公司。青蛙设计公司认为设计的成功取决于设计师，也取决于客户企业。设计公司与客户企业间相互尊重、高度的责任心以及相互间的真正需求的了解，是青蛙公司与众多国际性公司合作成功的基础。

青蛙设计公司的发展演化：

公司成立：1969年在德国黑森林区成立了一间工作室，接到当时德国电子业巨头Wega的订单。几年后，Wega被索尼收购，青蛙设计开始了与跨国集团的合作之旅。在与索尼合作的几十年里，青蛙设计共为索尼设计了包括著名的索尼特丽珑彩电在内的100多种产品。

跨国扩张（接近市场、接近客户）：正是这种创新和有远见的精神吸引了苹果电脑创始人Steve Jobs的目光，开始了与苹果电脑的合作，加州办公室成立。

业务拓展：20世纪80年代末至90年代初期，青蛙设计不断拓展其业务领域，服务于包括迪士尼、罗技、NEC、德国汉莎航空、奥林巴斯和索尼在内的国际知名公司。主要帮助客户解决他们所面临的来自技术文化方面的挑战。技术工程、品牌和包装在那个年代是青蛙设计的核心业务。90年代进一步拓展业务：成立了数字媒体部门，涉足网站、计算机软件和移动设备的用户界面设计。随后意识到跨平台统一的用户体验对企业的重要性，青蛙设计在其工业设计传统基础上不断拓展自己的业务范围，从最初的产品设计和机械工程到现在的品牌策略、交互设计、设计咨询和产品实现，不断适应市场上科技和文化的发展。

如今，青蛙设计已成为一家全球化设计咨询公司，600多名设计、策略和技术人才济济一堂，为全球企业提供各种一流设计咨询服务，业务领域延伸到医疗、能源、移动通讯、零售、金融和时尚等领域。

从青蛙设计公司发展演化可以看出，设计企业的发展与市场需求紧密相连，客户需求是驱动其发展演化的最关键的动力。同时，设计创新也是制造企业升级发展的重要动力。并且随着设计企业的逐渐壮大，设计领域、服务范围会逐渐拓展。我国一些企业如海尔、联想、美的、TCL等知名品牌企业已意识到设计创新的重要性，成立自己的工业设计中心（这些设计中心有些后来发展成独立的设计公司），并通过强有力的设计创新实现了企业经营的革新。20世纪90年代，海尔将工业设计引入企业的发展中，在满足用户需求为原则的指导下，对其产品进行创新设计。海尔对用户需求的关注、对设计创新的重视使得其产品在激烈的市场竞争中脱颖而出，占领了市场的主导地位，使得海尔从单靠卖冰箱起家的小企业，发展到世界大型电器品牌集团，在全球各地拥有29个制造基地、8个综合研发中心，拥有包括冰箱、空调、洗衣机、电视机等19项产品。

上海指南工业设计有限公司于2012年10月，与宁波慈溪当地知名出口商共同出资注册公司“七次方”（寓意为：天天创新），预打造一个“创新制造业联合体”，旨在联合设计、制造与贸易三方，携手发展。这一举措也是为了进一步拉近与客户企业的关系。

（2）与不同客户的合作网络链接方式有别。

客户企业是否有设计理念，是否重视设计研发，直接影响工业设计业的发展，与客户企业合作深浅往往是决定是否有创新产品的关键要素。

国内企业逐渐认识到工业设计的重要性，逐渐有了设计意识，但对设计的重要性的认识是有偏差的。按照对工业设计的重视程度，可以将制造型企业分为三类：第一类企业已经非常重视工业设计，并已做得很好，比如飞利浦、联想、海尔、美的等。这些企业已有自己的设计部门或独立的设计公司，但他们也将一些设计业务外包出去。多数情况下，公司内部设计部门承担设计产品定位的功能或负责整体协调，而将一些专业性强、非核心业务或过剩的设计业务外包出去，这样既可以节约成本，也可以借此从外部寻找创意灵感。大公司的高要求及其较好的科技力量，设计出来的作品一般品质会比较高，也比较容易获国内外设计大奖。与此类企业合作，能为小型工业设计企业赢得声望与口碑。第二类企业重视工业设计，企业本身有较好的发展空间与前途，但目前还没有自己的设计力量。这类企业是独立的设计企业主要目标市场，与这类企业合作，工业设计企业创新空间比较大。第三类企业意识到工业设计的重要性，但仍对工业设计没有深入的理解和认可，认为工业设计就是改改造型、外观，对工业设计更深层次的价值没有认可。这类企业也是独立工业设计公司的主要客户，但与这类公司合作比较肤浅，往往也是在收取较少的设计费的基础上帮企业设计造型、外观。

“与第一类企业进行合作，一般是很深入的合作，合作时间也会比较长。这样深入的合作肯定能出新产品。我们在与国内一家大型家电企业进行合作中，就有多项设计获得了德国 IF 奖（设计界的奥斯卡）、红点奖(Red Dot)。产品投放市场后也获得很好的市场业绩。第二类企业是我们公司的重点客户，他们重视工业设计，但自己的设计能力还不行，需要借助独立的设计公司帮其设计。这类企业如果能持续重视工业设计，上升空间非常大，跟这类企业进行合作，不仅仅帮其设计产品，也帮其设计企业品牌。与此类企业持续的合作成果之一就是该企业的持续走好。第三类企业说到底还是缺乏长远眼光，缺乏设计意识，不愿在设计研发这方面投入资本。跟这类企业合作，只能是按照客户需求进行较浅层次的产品外观设计，创新不多。”

——上海 HH 产品设计公司总经理

“我们喜欢和一些比较成熟的企业打交道。因为设计师所有的能力，职业的价值只有依托企业才能发挥出来。设计在这些成熟的企业里能成千上百倍地放大它的价值。反之，不成熟的企业，设计的作用就比较小。我们公司成长的秘诀之一就是和国内外大公司合作的设计实践。国际化的设计诉求和设计理念，必不可少的调研和分析流程，对产品制造和销售不断深入理解，也让企业渐渐形成了独具特色的一套理论和概念。”

——上海 LY 工业设计公司总经理

表 7.8　　　　客户对企业创新的重要性访谈摘要

访谈摘要	访谈对象
了解客户的需求，找准问题，从而想办法解决问题。与企业的深入合作有利于创新，肤浅的交流不利于创新。	A 公司总经理
与客户的深入交流以及客户对设计的重视程度是创新的关键要素之一。	B 企业创始人
与客户的深入地沟通、交流有利于创新。所以要做大量的用户研究，了解市场，了解企业需求，从而真正了解客户企业的需求，有针对性地去设计产品以及后续的市场营销方案。	C 公司总经理

资料来源：方田红：《上海工业设计企业调研资料汇编》，华东理工大学，2014. 7.

第一，与知名大企业合作方式主要是接包与外包关系，有助于设计企业产品设计能力的提高。

据上海多家工业设计企业网站介绍，他们服务对象中不乏有很多世界 500 强企业以及国内知名的大企业（见图 7.9），如英特尔、欧姆龙、飞利浦、九阳、美的、联想等，以电子设备制造厂商为主。这些大企业一般有自己的设计部门。如飞利浦拥有 450 多位专业人员组成的设计部门，也是世界上知名的国际性设计组织，在这些专业人员里面不仅有从事传统设计的设计师，还有许多诸如人机工程、趋势研究、人类学、社会学、心理学等人文科学方面的专家。他们来自 35 个不同的国家地区并在 7 个国家的 12 个工作室中工作。但大企业也有设计外包需求，为获取更专业、精良的设计。

图 7.9　上海 MM 工业设计公司部分重要客户

资料来源：企业网站截图.

与这些知名的大企业合作，主要是通过接收大公司的设计外包业务，收取设计服务费。访谈中很多企业都表示，简单地收取设计服务费的模式不能给企业带来高回报。但能与知名企业进行合作，也是设计企业所渴求的，受到知名企业青睐，可以证明自己的实力。所以在一些设计企业的网站上，列出的合作伙伴无不是各行各业知名大企业。另一方面与知名大企业合作，设计出来的作品也比较容易获取世界级的设计大奖。2009 年，上海木马工业设计公司受飞利浦公司委托，设计出一款太阳能“我的阅读灯”斩获世界工业设计界顶级大奖“德国红点奖”。这款产品是木马与飞利浦合作创新的结果。由飞利浦研究院提供其最新的技术成果，由木马以设计的语言将其商业的价值有效传达给市场，由此带动商业上的成功，这款阅读灯是艺术与技术结合的成功典范。

大企业客户挑剔的眼光以及其较好的技术基础和市场研究基础，使得接包的工业设计公司在产品设计上也自然不敢怠慢，所以设计出来的产品一般具有较高水平，对设计企业产品设计能力的提高是有非常大的帮助。

第二，与中小企业合作更加全面，有助于设计企业整体能力的提高。

中小企业因缺乏设计部门，往往要将整个设计业务外包给专业的设计公司。这些客户企业对设计公司的倚重增大，设计公司的话语权也会加大。对这类企业，设计公司提供的服务不仅仅局限于产品设计，还包括设计研究、产品转化、品牌策略、供应链服务等（见图 7. 10）。设计公司的设计服务往往触及发包企业的方方面面，对发包企业的影响也比较大。与这类企业合作，有助于设计企业向产业链上下游延伸，提高设计企业资源整合能力。上海木马公司成立麦思哲、洛可可公司成立策略与研究事业部是向其设计产业链前端延伸的举措。访谈中的另一家企业则表示，他们业务包含市场研究、产品设计以及产品生产环节。

第三，与国有企业合作较少。

通过深度访谈得知，上海工业设计公司与国有企业合作非常少。在上海设计之都建设三年行动计划（2013 ~2015 年）中，提出工业设计重点聚焦新能源汽车、大飞机、高端船舶和海洋工程装备、轨道交通装备、休闲船艇、大型工程机械、印刷机械、数控机床、医疗器械、仪器仪表等的发

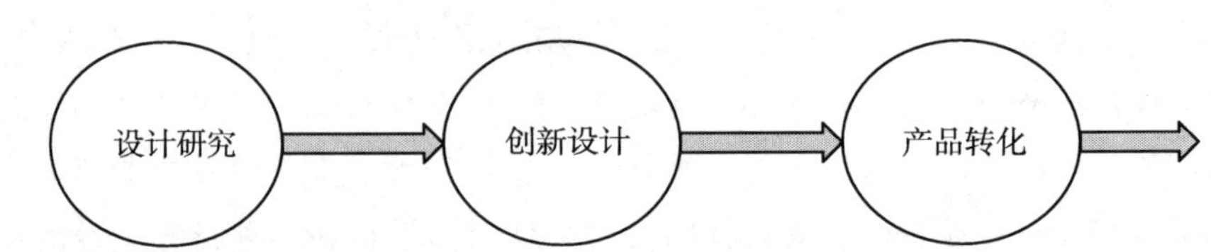

设计研究
深入洞察，发现问题
用户的根本需求是设计的终极目标，客户的商业回报是设计的直接目标，我们通过设计调研、市场分析和战略评估，深入洞察客户的目标用户、竞争对手、品牌特性和关键市场机会，为之后的设计展开奠定了基础。

创新设计
设计延伸，解决问题
设计阶段是对设计研究所发现问题的回答，早期我们试图探讨多种方向和可能性，后期则逐渐聚拢并回到最初重新审视，直到找到恰当的设计和最全面彻底的解决方案。所有概念再经过不断地审查、实验、改进后最终成为设计的方向。

产品转化
将创意变为产品
从作品到产品和商品的转换时设计过程的飞跃，也是设计价值的实现阶段。我们的设计师、工程师与企业和供应商通力合作，将所有技术资料整理归纳后交付给客户，充分保证创意能准确地转化为现实。

图 7.10　上海 MM 工业设计公司的核心业务

资料来源：根据企业官网资料整理.

展需要，旨在提升总体设计、系统集成、试验验证、应用转化能力，加强产品和关键性零部件的外观、材料、结构、功能和系统设计。从事这些行业的企业的大部分是国有大中型企业，设计需求强烈，但他们一般拥有自己的设计院。如上海船舶研究设计院（SDARI）成立于 1964 年，是中国船舶工业集团公司旗下具有国际影响力的民用船舶设计单位；2009 年，中国商飞公司宣布将设计研发中心落户上海浦东的张江；上海电气于 1961 年成立自动化设计研究所，隶属上海电气集团股份有限公司等。这些国有大企业大部分是装备制造型企业，而国内外独立的工业设计企业主要业务聚焦在消费类产品，装备制造产品设计水平有限。另一方面，也与国有企业的观念有关，目前上海的工业设计公司一般都是规模小的企业，大国企不屑于与小的设计公司进行合作。

（3）与客户企业以正式交流为主，显性知识与隐性知识并存。

与客户企业的合作属于商业合作，为避免纠纷，一般会签书面的合同，属于契约式的正式交流。与客户面对面的交流非常重要，在此过程中，主要传播的是隐性知识，客户的设计理念、需求、偏好等很多方面仅仅通过合同文本是很难真实获取，需要通过面对面的交流来实现。设计公司获取了这部分信息，有助于加深对客户企业需求的理解，可以更好地设计出满足客户需求的作品。

2. 同行企业

在合作网络的各节点中，与同行之间的关系频度、关系广度均位居第二，说明工业设计企业认为同行对其企业创新有比较大的影响。同行企业之间的互动过程为企业获取行业信息、市场动态、生产技术等专业知识提供了必要的途径，与同行企业之间的互动是企业创新过程中的一个重要的知识来源。

（1）与同行链接方式。

同行企业的链接方式可以分为正式链接和非正式链接。在工业设计企业中，与同行的正式链接方式可能是共同参与某个项目，或者是将自己的订单部分地转包给其他同行来做。这种合作关系对创新也是有利的，可以充分利用外企业更专业的人才优势或技术优势。访谈中，设计企业更认同同行间的非正式交流，他们认为同行毕竟存在竞争关系，正式的交流反而不会透露太多的公司信息。通过非正式交流，比如不同设计公司设计师之间的交流往往能获取较大的隐性信息，肯定这种非正式交流对创新的作用。这些非正式交流带来隐性知识的传播，对设计师或设计企业启发较大。目前，非正式交流的方式可以是现实的面对面，也可以是很多虚拟空间的交流，比如一些专业电子论坛等。行业协会或政府组织的各种交流会以及一些专业展览，也都为同行非正式交流提供很好的平台。

“同行之间的正式合作并不是很多，但我们非常关注同行的发展动态，同行的发展以及创新会给我们很多启发。我们认为同行尤其是竞争对手的发展是促进我们不断创新的动力之一。因为同行之间存在竞争关系，在正式交流中，关键知识与创意不大可能会开诚布公地进行交流。反而，通过一些非正式交流可以获得一些隐含的知识，而这隐含的知识有可能是至关重要的。创造这些非正式交流机会是非常重要的，有些是通过私人关系获得，有些则是借助于各种社会活动平台。上海工业设计协会每年会举办很多设计企业交流活动，通过这些交流活动，会给企业很多启发，是有利于企业创新的。”

——上海 DL 工业设计公司总经理

“设计圈子其实挺小的，知名设计师之间大家都比较熟知。同行进行交流方式有正式的项目委托，也有私人交往。要说对创新的影响，觉得私人交往这种非正式交流更有利于创新，这个过程获取的是一种隐性知识。因为同行之间也存在竞争关系，自家企业的核心信息一般也不会随意外露。有些设计师认为同行的圈子异质性较差，太过频繁的交流也不能获得更多新鲜的信息。同行的圈子需要不断地扩大，增加圈子的异质性，这样的交流会更有效。”

——上海 MM 工业设计公司创始人

以上论述也进一步证明了强联系的负面作用，指出了网络异质的必要性。

(2) 与国外同行之间的链接。

调查问卷以及访谈结果都表明，除了一些具有外资性质的工业设计企业外，上海的工业设计企业与国外同行之间的业务往来非常少，但这并不意味着国外同行在上海工业设计企业合作网络中不起作用。目前阶段，我国的创意设计业还没走出模仿阶段，国外同行的发展动态、新作品仍是我国企业关注的目标。

“我们关注国外同行的发展动态，关注他们的新作品，会从同行的发展中获取很多的启发。国内设计公司模仿国外同行作品的这种实例也非常多见。”

——上海 MM 工业设计公司创始人

目前，也有不少知名的外资设计企业进驻上海，如青蛙等。上海本土的工业设计企业与这些外资同行合作也很少。目前这两类企业的目标市场有所差异，还没形成正面的竞争关系。

3. 行业协会

统计数据显示，在合作网络的各节点中，工业设计企业与行业协会的关系频度位居第三，说明上海工业设计协会在工业设计企业中活跃度很高。上海工业设计协会（Shanghai Industrial Design Association，SIDA）成立于1993年3月，协会是以从事产品设计的企事业单位为主体、工业设计师等专业人员自愿联合组成的跨行业、非营利性及专业性的社会团体法人。协会坚持“服务企业、规范行业、发展产业”方针，在设计企业、制造企业、商贸企业、设计学院、社会组织和政府部门间充当桥梁与纽带。主要业务包括人才培训、信息交流、业务咨询、专业服务、设计成果评比、展览及转化。

行业协会在连接设计企业之间、设计企业与客户之间、设计产业链各节点以及在制定各项行业指导政策方面、设计意识的唤醒、设计氛围的营造等方面起到积极作用。行业协会通过在各类创新资源或各创新行为主体间穿针引线、铺路架桥，起到扩散知识、沟通创新、传播信息的链接作用，促进了创新所需各种知识和信息的快速流动和高效配置。成为各创新主体之间的“粘结剂”，也成为设计需求与设计供给之间的桥梁。行业协会起到了社会网络中的“结构洞”链接作用。另外，设计企业大多数创业者都很年轻，有很多都是刚从大学毕业不久或是追求艺术的文化人士，他们并不擅长于经商，拙于表达或不屑于表达自己的商业发展诉求，他们创办的企业也常常被称为“害羞的企业（shy business)”。行业协会以及其他中介机构可以将“害羞的”设计人员与市场需求联系起来，具有“缓冲带”的作用。

上海工业设计企业与协会之间的交流方式主要包括：参加协会组织的各项交流活动；参加协会组织的培训项目；接待协会领导来企业走访，向其通报企业发展情况以及企业发展诉求；参加协会组织的一些展览活动，如上海工业设计协会连续多年组织举办“上海高校设计创意优秀毕业作品展”，在展览中发现好的作品与人才；将企业发展动态放在工业设计协会的网络平台（网站以及微信平台），为企业做推广工作；接受协会对政策的解读服务，更好地了解国家政策方针。行业协会与合作网络各节点之间的关系见图7.11。

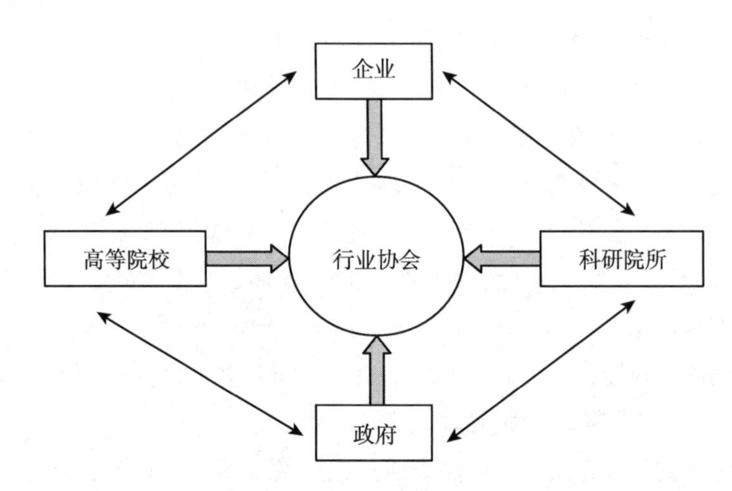

图 7.11 行业协会与合作网络各节点之间的关系

资料来源：方田红：《上海工业设计企业调研资料汇编》，华东理工大学，2014.7.

4. 科研院校

由数据分析可知，上海工业设计企业与科研院校在关系频度与关系广度上位居第四，不算很高的节点。在实地访谈中，企业对科研院校对企业创新的作用认可度更大。在访谈中，所有企业都表示与科研院校有联系，并认为与科研院校的合作有利于企业创新。

（1）与科研院校的链接方式。

第一，企业创始人来自高校。

我国工业设计业的发展走的是一条先发展工业设计教育、再有工业设计业实体的道路。目前的工业设计企业的创始人有不少都是来自高校的教师，如上海知名的工业设计公司中就有木马工业设计公司、上海龙域工业设计公司、上海大略工业设计公司、上海陈慎任工业设计公司等多家公司的创始人同时也是高校教师。

“我本人在大学任教，与高校的联系自然是多。会邀请一些同事一起来做事情，也会接受学生到本企业实习、就业。高校有丰富的人才资源，是创新多发地，与高校的交流可以获得更多的创意想法。”

——上海 MM 工业设计公司创意总监

第二，共同开展产学研项目、共同申报各项扶持基金。

“目前与国内多所知名大专院校（如同济大学、武汉理工大学、上海视觉艺术学院、上海工艺美院等）开展产学共同研究项目，将先进、实干的设计理念创造性的融入当代设计教育环节。与高校师生的深入交流对企业的创新肯定是有促进作用的，同时，通过与高校的合作，我们往往比较容易地招到适合公司的优秀设计人才”。

——上海 HH 产品设计公司设计总监

“公司跟多所高校合作，研发设计新的产品，接纳在校学生到公司实习，去高校给学生讲课，激发学生创新设计思维。前阵子与上海视觉学院进行合作开发喜羊羊系列的纸质游戏，已投入市场，效果很好。高校师生思维活跃，创新能力强，与他们合作，有利于我们公司的创新发展。”

——上海 JL 实业集团股份有限公司技术研发中心副主任

“公司与上海同济大学等优秀设计高等院校有着良好的合作。同济大学是设计院校联盟（CUMULUS）的成员之一，这为 LY 转化先进的设计理念和掌握最新的设计动向提供了很大的便利。”

——上海 LY 工业设计公司总经理

2012 年，上海成立促进文化创意产业发展财政扶持资金（简称“扶持资金”），鼓励设计企业联合高校一起申报。3 年以来，已有多家设计企业与高校合作成功地申请到文创资金的扶持。如 2012 年，上海徐汇德必文化创意服务有限公司与上海华东理工大学艺术设计与传媒学院联合申报的《徐汇·易园——设计与制造产业对接平台》已通过验收；上海木马工业设计公司与华东理工大学艺术设计与传媒学院联合申报的《设计立县计划：上海——长三角工业设计项目外包服务平台》项目旨在输出本土设计力量，与全国制造业对接，实现跨区域、跨行业联动发展。

第三，人才互动。

企业成为大学生实习基地，接纳在校大学生来企业实习，这是最常见的合作方式，这种方式可以获得较廉价的人力资源。企业与高校互聘导师，企业聘请高校教师作为企业顾问等，也可以给员工做一些培训；高校聘请企业著名设计师为企业导师，给学生做讲座，甚至联合培养硕士研究生（专业硕士必须要有企业导师）等。

（2）与科研院校的合作机制。

关系邻近、认知邻近。与科研院校的交流方式有正式的也有非正式，更多是基于关系邻近、认知邻近。如企业与高校的合作，有些企业创始人本来就来自于高校教师、有些企业的领导人毕业于某高校、有些企业的员工与高校某教师是同学关系等，他们的合作更多的是基于关系邻近与认知邻近。

五、与政府、金融等辅助机构交流很少

从调查问卷与实地访谈可知，政府部门和金融机构在工业设计合作网络中处于非常微弱的地位。多数企业都认为政府的政策对整个行业的发展影响很大，但具体到某家企业，都表示与政府直接联系非常少。也有企业表示，设计企业要进行深入研究也需要资金资助，他们有了一些好的想法或项目后，希望政府能给一些资助。

“深入的研究需要资金资助，而设计公司又缺资金。所以希望政府能有一些扶持资金，真正支持到产品的开发方面来。”

——上海 WM 工业设计公司创始人

企业与金融机构联系也非常少，究其原因，第一，工业设计企业是知识密集型、人才密集型的企业，不需要太多的固定资产，主要业务是接受客户企业设计外包业务，产品大多是以图纸或模型表达出来，并不需要太多的资本；第二，工业设计企业大都是小微企业，在开创和发展的早期，往往缺乏良性商业计划、难以敏锐地把握市场。在项目管理上，设计企业主要是以快速运作的“项目方式导向”的生产组织方式为主，往往不追求成长为大企业以创造巨大利润，所以也较难吸引到风险投资者的眼光。

第四节

合作网络的空间特征

四个空间尺度上，网络关系频度、关系广度存在差异。首先总的来看，市区尺度，网络关系最稠密，在这个尺度，设计企业与合作网络中的各节点都有相对最高的关系频度、关系广度；其次是外省市尺度，外省市尺度上，与各节点联系疏密有别，主要是与客户企业联系较多，其他各节点联系较少；再次是国外尺度，这个尺度上，企业主要是与同行进行联系，并且主要是通过非接触式的交互学习为主的学习方式来进行联系；最后是园区尺度，企业主要是与同行、园区管理方进行联系（见图 7.12）。

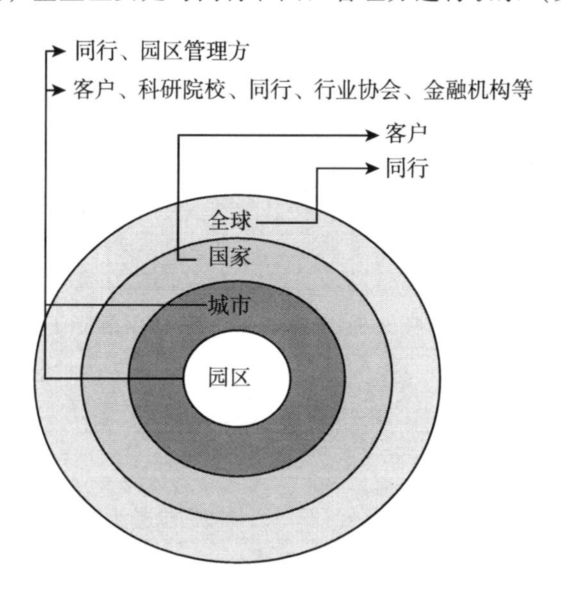

图 7.12　四个空间尺度上合作网络稠密度以及各空间主要合作节点示意

注：颜色由深至浅表示网络稠密度由大至小.

资料来源：方田红：《上海工业设计企业调研资料汇编》，华东理工大学，2014. 7.

一、园区内网络稀疏

园区尺度上，只有与同行之间的关系频度达到 3. 1，与零星的客户与科研院校有所关联；与其他各个节点，如前后服务商、政府部门、金融机构、行业协会以及中介服务机构都没有交流。

1. 只与同行交流

园区内同行因具有同样的志趣爱好、同样的专业背景，又由于近距离，有更多的交流机会。合作交流的方式有正式的，如组建工业设计联盟（M50 工业设计联盟），共同参与项目；也有非正式的，如一起参与一些交流活动、参加一些会议或是一些比赛等，甚至是非正式的聊天等。园区尺度的同行交流很有必要，共享知识、信息；通过交流产生灵感，促进创作；甚至是互相介绍客户、获取政府人脉关系等。同时，园区同行之间过于频繁的交流也会产生知识信息冗余，并不是所有的交流合作都是高效的。也有企业表示，园区尺度同行之间彼此太了解，异质信息、知识太少，也不利于企业各自创新。可以初步判断，园区尺度上，与同行之间的合作频度对企业创意设计能力的影响，先是正相关的，合作频度越高，对创新影响越大；等合作频度高到一定程度时，由于知识、信息冗余的原因，对创新影响并不会随着合作频度的提高而继续增大，或许会停留在一定的影响程度上，或是缓慢提高。

2. 地理邻近作用有限

前面的理论多次强调过地理邻近在合作网络中的重要作用，地理邻近会带来关系邻近，有利于合作网络的形成。此处，地理邻近似乎失灵。是什么原因会导致地理邻近失灵？结合后期的深度访谈，对这一现象做进一步探讨。

上海创意园区处于初期发展阶段，园区面积小，企业少，还没形成与工业设计业相关的产业链。2005 年以前，上海的创意园区属于自发发展状态。早期的上海春明粗纺厂（今天的 M50）、泰安路 210 弄（今天的田子坊）等都是由于艺术家的集聚带来艺术氛围，逐渐转变为今天的创意集聚地。2005 年，上海市开始正式关注创意园区的建设，至 2010 年底，先后授牌 82 家市级创意园区（见表 7.9）。这一阶段政府关注的重点是创意产业的集聚，促进创意企业入园，这仅仅是完成了空间集聚的工作，网络关系的建立则需要时间的积淀。正如 M50 创意园区相关负责人所说："政府重视了、分类明确了、相对领先了，这是上海创意产业的优势；价值体现度不高、消费市场不够大、知识产权保护不健全，这是亟待改进之处。”①

表 7.9　　实地访谈的创意园区

园区名	园区地址	园区创立时间	园区前身	园区主要业态
上海国际工业设计中心	宝山区逸仙路3000号	2010年	上汽集团老厂房	工业设计业
M50	普陀区莫干山50号	20世纪末	上海春明棉纺织厂	画廊、画室、产品设计、平面设计等
八号桥	黄浦区建国中路8－10号	2003年	上海汽车制动器公司	建筑设计、产品设计等
幸福码头	黄浦区中山南路1029号	2011年	上海油脂厂	创意商业、设计业
徐汇德必易园	徐汇区石龙路345弄27号	2010年以后	某编织厂	新媒体产业、工业设计

资料来源：方田红：《上海工业设计企业调研资料汇编》，华东理工大学，2014.7.

有些园区在招商过程中也没有严格地把关，园区内的非创意企业也占一定比例。很多园区存在“重形态、轻业态”、专业化服务水平不高、同质化竞争严重、管理规范不健全等问题。创意产业范畴较广，包含的行业多种多样，在这些多样的创意企业中，专业的工业设计企业又少之又少。另外，上海的创意园区很多是由老厂房、仓库改造而来的相对狭小的空间，很难集中合作网络中相关科研院校、政府部门、行业协会、金融机构等节点，所以在园区这个尺度上，与以上这些节点之间的关系频度基本得分为1，即使这个尺度与同行的关系频度得分为3.1，相对较高，也没能拉高其平均分。还有，园区内的企业、机构虽然正式的合同交流方式不多，但私下里的非正式交流还是比较常见。

① http://www.why.com.cn/epublish/node32682/node32684/userobject7ai252564.html.

3. 认知邻近性不明显

迄今为止，在园区内并没有形成完整的工业设计产业链，园区内的各企业、机构交流并不多。既然如此，设计企业为什么愿意选择创意园区作为办公、创作地点？

（1）园区管理方成为合作网络中的一个较重要的节点。

在园区这个尺度上，访谈过程中，不少企业提到与园区管理方联系较多。有些园区管理方不仅仅满足提供物业服务，也包括宣传服务、搭建平台。如M50搭建了有形的和无形的两个平台。有形的包括园区创作展示平台、艺术家之间交流平台、吾灵网在线平台；无形的比如M50设计联盟项目合作平台。金融危机阶段，M50利用艺博会和双年展契机，开展一些宣传活动，组织园区画廊联合开幕，发放“Art in Shanghai”艺术导览，扩大宣传。上海另一家创意园区德必易园则组建了“上海文化创意产业CEO俱乐部”，定期举办活动，搭建各文化创意企业CEO商务交流沟通的信息平台，让产业的上下游能够自由沟通、交流、合作，产生“1+1>2”的效果。另外，一些园区为企业员工提供交流交友机会，如举办园区运动会、白领派对等，为文化创意企业员工提供交友娱乐机会。

“园区为企业提供交流机会，如创建园区网络交流平台（园区企业QQ群的创建），CEO论坛的召开。园区不仅仅满足于收租金，而想通过更多的服务带动园区企业的共同发展，从而获取增值效益。”“园区内有些企业处于产业链上下游，这有利于他们进行合作；我们总公司下面有很多创意产业园区，公司力求整合所有园区的资源，让集团内所有园区里面的企业都能得到很好的资源共享。”

——上海DB文化创意产业发展公司办公室主任

上海国际工业设计中心位于逸仙路3000号，其前身是上汽集团的老工厂。2010年，由上海汽车工业（集团）总公司、中国工业设计协会、上海工业设计协会、上海设计创意中心、上海时尚产业中心、宝山区人民政府联合打造国内首家以工业设计为主题的大型特色产业园区。该中心的宗旨是立足国际资源，以集聚高端设计产业为目标，通过科学规划和市场化运作，将“设计产业”引入到经济领域，并通过自身优势，联合区域政府、行业组织、协会高校、中介金融机构、产权专利交易机构等多方力量，致力于中心的发展，使之成为集展示、技术、孵化、交易四大功能的主题性创意园区。

该中心目前集中了60多家工业设计相关企业，为了更好地发挥园区集聚效应，园区管理方也在做一些积极地探索，正在创建一些平台，促进园区企业之间交流、促进园区的设计成果市场化，并做一些工业设计人才培养等工作。中心搭建了“两个交易中心”，即上海中小企业融资服务中心（北区）和上海知识产权交易中心（北区），是由上海联合产权交易所、宝山区政府和上汽集团三方合作，共同组建。“两个交易中心”通过提供对中小企业股权、债权、知识产权等权益类资产的质押、融资、贷款、流转、增资扩股、上市辅导、企业改制、信托保险、专利申请、保护、管理等一系列服务，帮助中小企业解决融资难的问题，为中小企业及个人提供申请、交易、融资服务的新渠道，致力促进上海国际工业设计中心的信息、人才、资本、服务和政策的集聚。同时，“两个交易中心”还积极地构筑平台，为园区的设计师以及设计作品提供通道，即将一些设计产品转化为设计商品。

该中心还拥有另一个重要的平台——上海国际创新材料馆。馆内展示了当代最先进的经济、节能、环保的创新材料及其应用案例，还有一些利用各种传统材料进行创新再设计的应用设计成果。馆内还辟有小型产品展示区，是专门为国内外材料行业的一些领军企业提供的展示区域，集中展示业内先进材料。材料馆注重在线服务的提供，配有官方网站“中国创新材料网”。该网站整合材料数据库、材料产品展示与征集、会员在线交易与互动三大功能，为创新材料的供应商与需求者创建交流的网络平台。材料馆平台的搭建为工业设计业的发展提供了信息平台，促进了设计企业、设计师、科研院校、生产企业、经销企业等企业机构的有效互动，满足了设计师们对新材料的需求。

不少园区有美好规划，但落实在实际，还有很大的努力空间。总的看来，在园区这个尺度上，设计企业与园区管理方之间的交流还算是比较多，园区管理方已然成为设计企业合作网络中的一个重要节点，尤其是对起步阶段的企业来说，园区的服务对其作用更大。园区经营得好，就能吸引知名企业与创意人士的入驻，品牌效应就越大，置身于品牌园区的设计企业自然而然就能分享到园区品牌带来的正外部效益。

（2）创意氛围、知识流动。

由历史积淀构成的地方特质以及创意阶层的集聚耦合形成的地方创意氛围是吸引创意企业集聚的重要因素。Drake（2003）认为地方特质（如当地环境中的一些特殊的提示和标志）能为创意提供视觉素材；Cox 认为根植于地方的特质具有其他地方不可替代性，对创意人才具有吸引力。上海早期发展起来的一批创意园区，大部分是自下而上发展起来的，特别吸引起步阶段的艺术家和创业者。M50 的前身是纺织厂，这里汇聚了 20 世纪 30 年代到 90 年代的各类工业建筑，见证了我国近代纺织业的发展，可以说此地就是现成的纺织工业建筑博物馆，有着深厚的历史厚重感。此地既是城市中心地段，又具有历史底蕴，建筑高大宽阔，并且傍依上海重要的河流——苏州河，形成独特的地方特质，让创意工作者觉得这是最理想的创作场所。后随着政府的介入，春明粗纺厂更名为“M50”创意园区，经过政府规划过的地域空间有了简单的配套设施，工作生活更加便利了。随着园区创意企业的集聚，形成了特有的“区域信息浑浊场（local buzz）”，即使在面积不大的园区内，开放的工作室、频繁的艺术展、工作人员园内不经意的交流所创造出来的特殊的、多种形式的信息交流环境。这种环境隐藏着大量隐性知识的溢出，要获得这种溢出知识，地理上的邻近是必需的。

“这里人气旺，同行集聚在一起，通过一些非正式交流，能互相获得一些灵感。

我们觉得 M50 比较特别的地方就在于它的自发性。虽然有过改造，但还是保持它的原生态性。我发自内心不希望它被改造，即使改造也希望是很小的不易察觉的变化。”“我来到这里吸引我的第一个就是历史文化沉淀，第二是有艺术家感受到新旧结合的氛围，从原来的仓库开始转变，新的生命开始生长”。

——M50 创意园区工业设计企业负责人

“园区的租金稍高于周边的办公区，但企业宁愿多花一点租金选择在我们这个地方，因为我们园区环境好。这个环境一方面是指硬件环境，景观比较优美；另一方面是指软件环境，静谧的创意氛围。”

——徐汇 DBYY 被访企业负责人

地理邻近有利于学习。Malmberg 和 Maskell（2002）在基于集群理论中强调了学习机会：同一集群内的企业即使没有进行系统的监测，他们也常常可以对附近的企业有相当好的了解。如果邻近的企业是相似的企业，就更有可能弄清楚所观察的情况并从中学习到东西。在同一区域内，活动的相似性以及企业间的知识和共同区位使得企业间即使有细小的差别也会很快被发现，很容易互相模仿和学习。在上海的各家创意园区内，正式的合约关系较少，虽然如此，仍可以通过非交互的模式以及观察来获取知识与信息。空间的邻近是促进互相观察学习、促进创新的重要因素。Bathelt 等（2004）也认为邻近性可以促进意外新发现，强调本地蜂鸣带来的溢出效益。虽然知识也可以通过非交互模式在远距离空间传播，但地理邻近使得非交互溢出的可能性更大。也就是说，并不一定要结成网络才可以进行集体学习，这种非交互式的学习未必需要关系或社会网络。

（3）园区品牌。

Drake（2003）认为作为一个具有声誉和传统的地方，品牌特质是创意的重要催化剂。文化创意领域的地方品牌源于区域艺术机构和个人声誉的共同贡献，一旦形成，就可以为区内的所有企业所享受。以 M50 为例，众多知名画家和画廊集聚在这里形成庞大的艺术群，再加上地方历史文化的长期沉淀，以及园区管理方的积极经营，共同塑造了 M50 的品牌。作为上海第一批由旧厂房转变而来的文化创意园区，也是上海市政府第一批挂牌的创意园区，M50 对那些尚未出名的艺术者有着强烈的吸引，他们需要借助这张“地方名片”的无形资产，实现对自己身份和价值的认同。“当时选择这里，主要是考虑到 M50 的名气大，名气大的地方机会也会多一些。”一位 2008 年搬入 M50 的画廊负责人说。“M50 在圈中很有名。当时想找间工作室，兼展示功能的，朋友就介绍我来这儿了。”受 M50 口碑影响，而在此租铺的艺术家不在少数。

艺术家、设计师选择在创意园区生活与工作，形成了城市酷炫（cool）文化，使得这些地方具有独特的吸引力，也往往成为一个城市的标志性地段。2000 年 4 月，《经济学人》（The Economist）杂志以“酷地理”（the geography of cool）为专题，分析纽约、柏林等城市之所以人才集聚且新兴产业蓬勃发展，原因就在于这些城市皆有“酷炫”的生活（Florida，2002）。

（4）租金与政策优惠。

上海大部分工业设计企业都属于起步阶段的小微型企业，租金与税收是其选址时要重点考虑的问题之一。Hutton（2000；2004）认为不同的设计和创意服务行业分布在城市不同的空间，一般情况下，知名的设计企业不在乎租金，多集中在 CBD，一般创意设计企业多分布在 CBD 的边缘或是内城区域。知名工业设计公司洛可可成立于 2004 年北京 DCR；2009 年，随着设计团队规模从 60 人迅速扩大到 120 多人，迁至最具文化底蕴的北京西海南沿；2011 年洛可可建立洛可可设计集团北京总部，打造洛可可设计大厦，展开其集团化发展进程。洛可可选址的变迁也见证了其不断扩张成长的过程。相对于上海租金高昂的 CBD，位于内城的租金尚低的创意园区是中小微型设计企业不错的选择。

为了鼓励创意设计企业入园集聚，上海市以及各区纷纷出台优惠政策（见表 7.10）。这些政策进一步促进设计企业落户创意园区。

表 7.10　上海部分区文化创意产业园区有关优惠政策一览

各区名	优惠政策
黄浦区	（1）根据企业的类型，所得税可享受一免、二免二减半或三免三减半； （2）流转税实行“超额优惠扶持”； （3）设立黄浦区旅游纪念品专项发展基金
静安区	（1）二免三减半的优惠退税政策； （2）降低园区地段的租金，入驻园区的企业享有租金优惠政策； （3）所有文化创意产业比照高科技园区的优惠政策给予扶持

续表

各区名	优惠政策
卢湾区	(1) 凡注册在区科技创意孵化基地的企业，缴纳各项税收的地方部分(包括所得税、营业税、增值税的地方部分等)，将根据企业项目开发、缴纳税收及经营情况，按其缴纳地方税的30%～50%奖励给企业； (2) 入驻园区的企业享有租金减免的优惠政策
徐汇区	(1) 二免三减半； (2) 新成立和新注册并入驻孵化基地的企业所缴纳增值税的25%和营业税，由区科技发展资金3年内给予50%支持
长宁区	(1) 三免二减半； (2) 流转税地方部分的40%～50%退还多媒体产业园，再由园区按比例返还企业； (3) 拨专款用于多媒体技术展示平台、会展平台、研发平台的建设； (4) 所有文化创意产业比照高科技园区的优惠政策给予扶持
浦东新区	(1) 企业减税（按照15%征收企业所得税）及特定项目减免税； (2) 一般生产性外商投资企业按15%缴纳企业所得税，二免三减半
杨浦区	(1) 三免二减半； (2) 文化创意产业免征营业税；其缴纳的企业所得税，由财政全额返还给项目拥有者
闸北区	(1) 新办企业两年内免征所得税； (2) 新办企业和经济组织当年上缴区级“三税”达到50万元以上的，可提出申请，享受“一事一议”政策； (3) 经认定为多媒体产业的高新技术项目和企业，可享受相关的扶持政策； (4) 对入驻适用地域范围的多媒体企业和经济组织，给予房租补贴
闵行区	(1) 新办企业两年内免征所得税； (2) 出口产品产值达到当年产值70%以上的，按10%征收所得税； (3) 被认定为文化创意产业企业的，按15%征收所得税
普陀区	(1) 文化创意企业所得税按15%征收； (2) 文化创意企业营业税、企业所得税和增值税的地方部分，享受三免二减半，或五免三减半

资料来源：方田红：《上海工业设计企业调研资料汇编》，华东理工大学，2014. 7.

二、城市是最重要的合作网络空间

不论从关系频度还是关系广度角度可知，城市是企业合作网络中关系最密集的一个尺度。在这个尺度上，关系频度、广度最大的节点是客户，其次是科研院校，随后依次是行业协会、主要同行、前后服务商、政府部门、金融机构（见表7.11）。

表7.11　　　　合作伙伴的空间分布情况访谈摘要

访谈摘要	被访对象
上海是国际化大都市，高端客户企业云集、创意人才云集，有着较好的创新环境。一些国外设计公司已经进驻上海，有更多机会与国外同行进行交流沟通，也有利于本企业的发展	企业创始人
与本市这个尺度上的各个节点交流都比较多，尤其是与高校与同行的交流，基本都在本市范围内，与客户以及产业链上的上下游企业的交流，其他省市也会有些分布	公司总经理

资料来源：方田红：《上海工业设计企业调研资料汇编》，华东理工大学，2014.7.

1. 园区内联系的不足客观上要求企业拓展合作网络的空间尺度

地理邻近性理论更多地关注产业集群尺度，而没对“邻近性”做出具体的测度。对于发育成熟的产业集群来说，集群内实现了很好地产业链关联、各类配套齐全，集群内的企业与其他企业或机构纵横向合作充分，这种情况下，集群内合作较好地满足了企业创新发展的需求。但就上海创意园区发展来看，园区空间局限、企业多样性不足、科研院校及各类中介不足，再加上工业设计企业主要服务对象是制造类企业，一般不会位于创意园区内。所以，位于园区的企业必须走出园区，去外界寻求更多的合作。

2. 城市合作网络节点丰富、创新环境较优

在20世纪30年代，上海就成为“冒险家的乐园”。今天的上海正在积极建设“全球城市”，已经吸引到和正在吸引更多的全球知名企业、机构进入上海，也为本土企业的创建与发展提供了沃土。产业的转型、升级更是为创意设计类企业提供了市场机遇。上海作为一个国内外知名企业、

高等院校集聚地，能很好地满足设计企业寻求合作的需求。根据地理邻近性原则，本市理应成为设计企业需求合作的理想空间尺度。

第六章中已论及上海创新环境，相对而言，上海有着较优的创新环境。创新环境是培育创新性企业和促进创新的场所，是由一系列非正式的社交关系组成的复杂网络。这种网络是一种动态的协调网络，有利于企业合作学习、劳动力的流动、供需双方的联系、面对面交流等，从而减少企业所面临的各种风险。创新环境突出强调非正式关系在网络联系中以及集体学习中所起的重要作用。上海产业发展的需求、创意产业政策、设计人才等所构成的创新环境，为设计企业在本市空间合作网络的建立提供了条件。

3. 地理邻近、文化邻近

“地理邻近”理论中的“邻近”更多地关注集群内的邻近，而没对“邻近”给出具体的测度，但本书认为，“同一市区”也是一种地理邻近。同一市区为设计企业与客户、科研院校、同行、协会等面对面的交流提供了便利。同一市区，同一地域文化中，很容易培育共同的地域归属感，达到文化邻近，从而鼓励人们分享思想和知识。Jonsson（2002）研究发现研发密集的制造业和服务业中，由于存在高度缄默的、隐性的、难以编码的知识，地理邻近对企业之间的合作起到决定性作用。当人们在相似的语言、教育和进一步的制度化环境中得到训练或者生活时，比如在同一区域，他们更有可能在具体的网络关系中无须与彼此紧密联系就能共享公共编码知识。在这种情况下，区域知识域可能基于地理情境出现，使公司能够更容易地向当地企业学习知识。工业设计产品对个性化要求较高，也需要设计企业深入了解客户企业的文化背景，有时候还需要结合地域文化进行设计。

4. 设计企业本身规模、发展阶段决定

Freel（2003）通过研究中小企业发现，对不同规模的企业，地理邻近发生作用大小不一样：规模较大的企业对外部联系的空间距离较长，地理邻近依赖性降低；规模较小的企业和从事渐进性产品创新的企业更需要融入当地的环境中，对本地的依赖较强。目前，上海大部分独立的工业设计企业处于发展的初级阶段，企业规模以及企业实力有限，这也决定了其就近选择合作伙伴的趋向。随着企业日益成熟、实力日益增强，跨区域进行合作的可能性也会越来越大。

三、全国的长三角区域是次重要的合作网络空间

从数据上看，上海工业设计企业在国家尺度上，与主要客户关系紧密（见表7.12）。关系频度不及城市尺度，但关系广度与城市尺度差别不是很大。这说明，因为物理距离的限制，工业设计企业与客户企业联系的频度要少一些，但外省市仍是设计企业重要的客户市场。

表7.12　2014年上海工业设计合作网络企业与国家尺度各节点关系频度、关系广度

各节点	关系频度	关系广度
前服务商	2.2	1.8
后服务商	2.3	1.8
主要客户	3.8	5.3
主要同行	2.6	3.8
相关科研院校	2.1	1.5
政府部门	1.5	1.4
相关金融机构	1.4	1
行业协会	1.9	1.6
平均值	2.1	2.13

资料来源：方田红：《上海工业设计企业调研资料汇编》，华东理工大学，2014.7.

国家是个大空间尺度，上海的工业设计业的辐射力到底有多大？有没有地域偏向性？这些问题在后续的深度访谈中得到了进一步了解。外省市的客户市场主要集中在江浙两省，主要客户是江浙两省的民营企业，以浙江民营企业最多。

“外省市主要集中在江浙两省，这两个省是我国制造业大省，有很多制造企业意识到设计的需要，重视起产品设计以及品牌营销。我们公司在宁波设有分公司，意在与宁波的市场更近距离的接触。”

——上海WM工业设计公司创始人

制造业在浙江经济发展中占有重要地位，但随着生产要素资源和市场资源制约的趋紧，浙江制造业优化升级已经迫在眉睫。浙江企业特别是中小制造企业越来越注重自主开发，但自主研发是需要一定的前期投入与时间积累，将企业不擅长的产品设计外包给第三方机构是一个明智的选择。

> "江浙企业愿意选择上海的工业设计企业，一是距离较近，沟通交流较方便，另外一个原因我想可能是因为相信上海企业的实力，上海本身魅力的存在。"
>
> ——上海 ZN 工业设计公司负责人

上海制造业正在着力建设"两头在沪"的发展模式，即研发、销售留在上海，中间生产部分向外转移。威尔逊早在 1967 年就提出了知识溢出强度随距离而衰减。王铮等证明知识溢出首先在大城市间进行，符合等级扩散规律。Bretscher 探讨了知识在区域间的空间扩散模式，Caniels 和 Verspagen 建立了一个基于地理距离的知识溢出模型，发现地区间的溢出取决于地理距离。工业设计是研发的一部分，具有高知识、高附加值的特性。上海工业设计企业为周边的江浙制造企业提供设计服务，是上海知识溢出的一种体现，也符合上海发展知识密集型服务业的趋势。

四、全球合作网络关系微弱

不论是从问卷调查来的数据还是访谈获取的信息，都表明上海工业设计企业目前与海外联系非常微弱。与海外有联系的节点是同行，与海外同行有实质性联系的是那些海外设计机构在上海的分公司，他们与海外的母公司或者是其他分公司联系较为频繁。

1. 非交互式的模仿学习

虽然与海外同行实质性联系不多，但很多企业表示海外同行对其公司创新的影响还是比较大。网络是企业获取知识、资源的重要途径，但学习也可以通过非网络途径来进行。上海的工业设计业处于发展的初期阶段，不可避免要走一条先模仿后创新的道路。上海工业设计企业与海外同行、机构的关联主要是一种非交互式、非网络化的交流形式，通过获取显性知识，进行学习与模仿。

当一定的知识或技术被编码的时候，这种显性知识的运用者首先会依靠他们获取知识库的权限而非与领域内参与者的私人互动。任何编码知识的形式（比如新闻、专利、条例等）都会使合作者之间的网络联系效果产生溢出。编码知识需要进行翻译理解以及用合适的方法来运用和重新组合的能力。Bathelt 和 Glückler（2005）认为知识的使用者是否有能力吸收和运用编码知识则取决于他们的先验知识和思维模式。上海设计企业通过关注海外同行的发展动态、关注一些国际大赛、学习一些编码化的知识来进行学习，学习的效果取决于企业与海外企业之间的知识、技术势差，如果势差很大，企业很难很好地领会这些知识、技术，学习效果必然也差。

模仿也有可能会引导原创性创新，正如 Alchian（1950）所强调：必然有一些人会有意识去主动创新，但也有那些并不完美的在模仿着他人，通过不经意的或者未刻意追求的独特的属性进行无意识的创新。所以，模仿不只是集体学习的一个重要基石，更是原始创新的一个可能来源。Hammer 等（2012）认为模仿可以是合作性（友好型模仿）的也可以是竞争性（非友好型模仿）的。友好型模仿是指基于与来源公司的协议或积极合作，因此，友好型模仿是交互的、合作的。相反，非友好型模仿发生在来源公司不知情或者反对被第三方复制的情况下，因此，非友好型并不以交互为前提。

通过访谈以及结合上海工业设计业发展情况可知，大部分企业是从国外设计作品中提取知识，再运用自己的技能和方法来进行二次设计，这种形式的模仿基本是合法的。

2. 政府驱动海外正式网络的建立

目前，上海工业设计企业的海外正式合作网络是政府驱动的。上海一直在积极地建设“设计之都”，为了更好地加强“设计之都”内涵的建设，上海市政府积极推进上海设计业的国际接轨。2012 年上海与意大利佛罗伦萨签署推进“上海佛罗伦萨——中意设计交流中心”协议，在上海和佛罗伦萨分别设立基地。主要承担推介上海创意设计力量，将上海设计制造的产品、上海优秀设计师推向欧洲，为上海创意设计企业服务欧洲企业提供支撑。中心集办公、研发、展览、培训与商务等功能于一体。至2014年年初，已有亚振家具、玛戈隆特骨瓷、木马工业设计公司、M50艺术设计交流中心和同济大学等12家企业或机构入驻。并与欧洲顶尖商学院柏丽慕达学院展开合作，开设各类针对中国设计师和时尚界认识的定制课程。

由以上分析可知，目前，上海工业设计企业主要是与本市及其周边的江浙区域进行较密切的合作。在市区尺度上，企业与合作网络中的各个节点都有相对较密切的交流；外省市尺度上，合作网络主要是在江浙一带，合作节点主要是客户企业，而与网络中的其他节点交流较少，地理邻近及市场导向明显（见表7.13）。发展时间短、规模小、实力不足的工业设计企业目前还没有足够的能力与更大尺度上的节点进行密切的合作。这也符合合作网络发展的一般规律，正如Glaeser等（1992）研究发现，网络资本既可以是本地的，也可以是全球的，但两者是相互依赖的关系，全球空间内成功的联系通常最初都是本地化互动的结果，通过走廊和街道促进知识交换，最终知识跨越海洋和大陆实现转移。

表7.13　　上海设计企业不同空间尺度合作网络关系对比

空间尺度	网络特征	主要网络节点	合作方式	网络机制
园区	关系广度、关系频度均弱，园区内网络稀疏	同行、园区管理方	以非正式交流为主，产业链上下游联系很少	邻近性以及隐性知识流
城市	合作网络最重要的空间尺度，合作伙伴以及合作频率都相对最高	客户、同行、科研院校	以正式交流为主，纵横向联系都有	邻近性、产业链、知识流是其网络发育的最重要的驱动力
国家	合作网络次重要的空间尺度，合作广度高于合作频度	客户	以接受客户合同委托的正式交流为主	地理邻近以及产业链仍是驱动网络发展的动力
全球	网络联系强度、广度较弱	同行	以学习、跟随国外同行发展动态的非正式交流为主	显性知识转移、非接触性学习

资料来源：方田红：《上海工业设计企业调研资料汇编》，华东理工大学，2014.7.

本章从关系频度与关系广度两个角度来判断上海工业设计业的发展程度以及发展特征。在分析调查问卷以及深度访谈所获得的资料的基础上，可以得出如下结论：上海工业设计企业合作网络还很不发达；现有的合作网络中，是以纵向联系为主，客户是其网络的重要节点，客户的需求以及资金支持是工业设计业发展的主要动力，也充分表明其生产性服务业的特征。横向联系中，同行、科研院校以及行业协会发挥着重要作用。知识流动是与这些节点结成合作网络的主要动力。不同的空间尺度，网络关系频度、广度以及驱动力不同。城市尺度，是目前合作网络最重要的空间尺度。邻近性、产业链、知识流是其网络发育的最重要的驱动力。国家尺度，是目前合作网络次重要的空间尺度。园区尺度，企业、机构并没有频繁的联系与正式的合作，网络关系微弱。但为了获取园区的公共福利、创意氛围、品牌价值以及相对优惠的地租，企业倾向于扎堆于园区。全球尺度，网络关系微弱，联系较多的节点是同行，是以学习、跟随国外同行发展动态这种非接触式的联系为主，知识转移是其交流的基础，并且这种知识转移是以单向形式实现的。

第八章

上海工业设计业合作网络对企业创新设计能力的影响

工业设计企业作为经济社会环境下的创新主体，客观上总会不断地与其所在的周边环境中的各种创新主体发生联系，进行资源或能量的交换，所以可以肯定地认为，企业的创新行为是在一定的网络中实现的。一般认为，企业尤其是小企业参与网络能够提高自身的竞争力。企业通过加强与其合作企业、机构之间的联系，可以提高企业的获取外部资源能力、培育核心竞争能力，加强信息沟通和知识传播，促进网络创新并产生合作效率，从而提高企业的竞争力。如前文所界定，合作网络中的主要节点为前、后服务企业、客户、同行、高校及科研院所、政府部门、金融机构、中介机构行业协会等活动主体。Gemūnden 等（1996）对这些节点企业/机构在焦点企业技术创新过程中所起的作用给出了完整的分析框架（见图 8.1）。

由这些节点组成的工业设计业合作网络是如何影响到工业设计企业创意能力？之间是否存在一定的逻辑关系？本章试图通过调查得来的一些数据做些定量分析，揭示其间的内在关系（见图 8.2）。

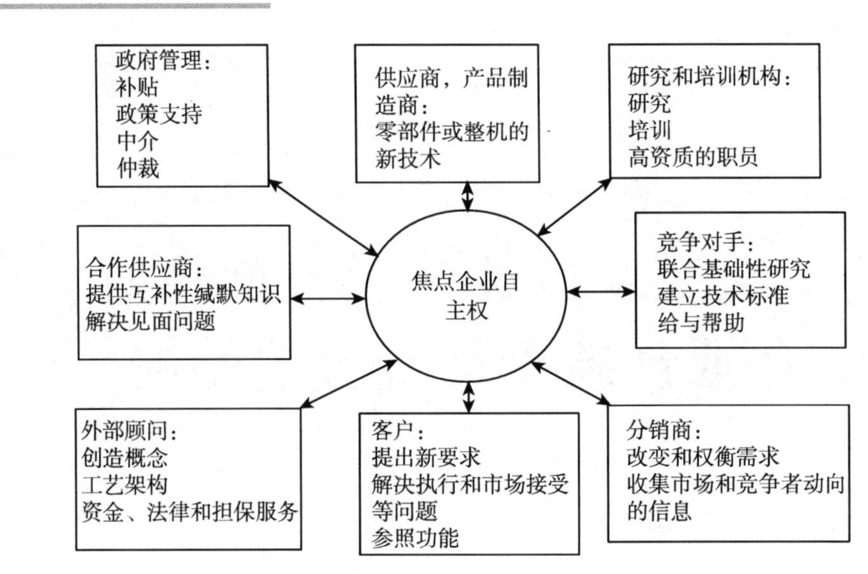

图 8.1　网络节点对焦点企业的创新贡献

资料来源：Gemünden，1996.

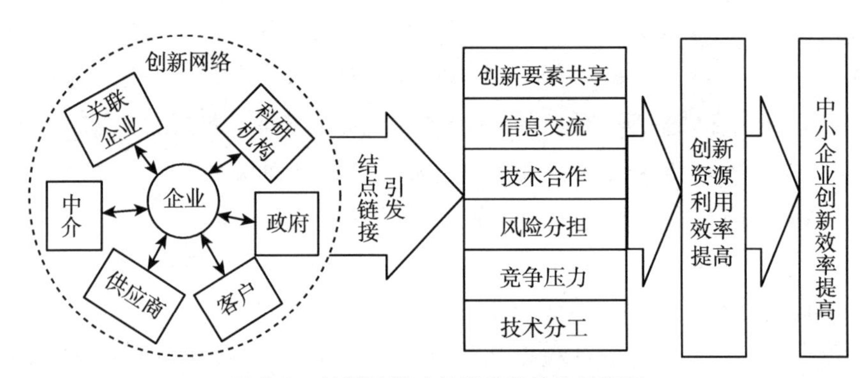

图 8.2　创新网络对创新效率的作用机理

资料来源：池任勇，2007.

第一节

分析指标的选择

其中，衡量合作网络特征的指标采用“关系频度”以及“关系广度”两个指标来衡量合作网络关系。目前尚未有权威部门对创意设计能力的测度指标做具体的规定与统计分析，所以，本书无法获得官方数据，又因被调查企业对其经济数据非常敏感，不愿意向外界透露相关信息。所以，本书参考朱华晟（2011）的研究，并根据工业设计企业的自身特征，分别从企业“创意生产”“创意市场”“创意人才”“组织体系”“创意知识”等五个方面对企业绩效进行测量，设计如表 8.1 问卷，让企业主要负责人主观打分。这种方法难免会存在主观臆断，一些企业或许会有意拔高自己企业的创新能力，使得研究结果存在一定的偏差。但在定量数据缺乏条件的情况下，这不失为一种较好地了解企业创意能力的方法。

表 8.1　　工业设计业创意设计能力的测度指标

项　　目	具体指标创意生产
创意人才	获奖能力
	产品开发能力
	创意投入能力
创意市场	客户满意度
	市场开拓能力
创意人才	设计人员的创新素质
组织体系	内外沟通能力
创意知识	知识获取与累积能力

本题采用的是 7 分制，最高分 7 分，最低分 1 分。从统计数据可以看出，大部分企业对自己企业的创意设计能力都持肯定态度，得分都在 5 分左右。

关系广度与关系频度是影响创意设计能力的两个主要指标，首先从总体来分析这两个指标对企业创意设计能力的影响；因企业合作网络的关系广度、关系频度在不同的空间尺度上有着不同的作用与特征，再分析每个空间尺度上的这两个指标对企业创意设计能力的影响（见图 8.3 和图 8.4）。

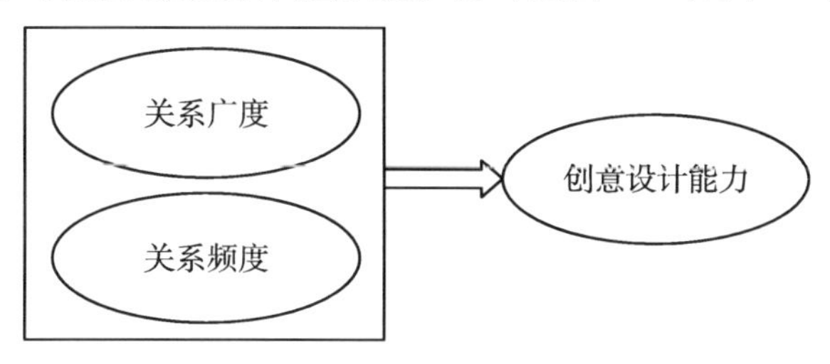

图 8.3　合作网络对创新设计能力的作用机制

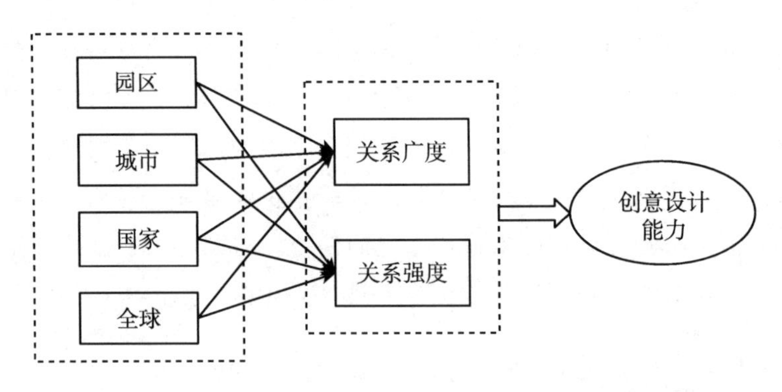

图 8.4　不同空间合作网络对企业创意设计能力作用机制

第二节

合作网络对企业创意设计能力影响的统计分析

本章数据来自于第 4 章的调查问卷，应用 SPSS19 统计软件包对数据进行分析。

一、指标数据的信度检验

在信度检验过程中，本书按照实证研究中常用的方法，选取 Cronbach's Alpha 系数作为标准，将信度检验的临界值设定为 0.7，低于 0.7 则表示测量没有通过信度检验（见表 8.2 和表 8.3）。

表 8.2　　信度分析结果汇总

指标	Cronbach's Alpha	基于标准化项的 Cronbachs Alpha
创意设计能力	0.828	0.835
创新网络关系广度	0.746	0.754
创新网络关系频度	0.739	0.791

表 8.2 结果显示，Cronbach's Alpha 系数均大于 0.7，表示测量通过信度检验。

表 8.3　　信度分析各具体题项描述

项目		项已删除的刻度均值	项已删除的刻度方差	校正的项总计相关性	多相关性的平方	项已删除的 Cronbach's Alpha 值
创意设计能力	与同行相比，我们获各类奖的能力很高	29.17	10.333	0.543	0.563	0.839
	与同行相比，我们拥有一流的产品开发能力	29.25	10.932	0.906	0.941	0.747
	与同行相比，我们客户的满意度很高	29.25	11.114	0.866	0.95	0.754
	与同行相比，我们的市场开拓能力很高	29.08	11.356	0.791	0.879	0.767
	与同行相比，我们设计人员的内外沟通能力很高	28.92	15.72	0.245	0.81	0.843
	与同行相比，我们知识获取与累积能力很强	28.83	14.697	0.498	0.56	0.823
	与同行相比，我们创意投入能力很强	30	13.818	0.37	0.796	0.836
创新网络关系广度	前服务商	66.5	56.091	0.253	0.795	0.746
	后服务商	66.25	57.659	0.094	0.882	0.76
	主要客户	60.58	30.629	0.674	0.966	0.691
	主要同行	61.25	40.75	0.58	0.869	0.693
	相关科研院校	65.25	44.932	0.703	0.828	0.679
	政府部门	67.42	51.538	0.308	0.9	0.741
	相关金融机构（银行）	67.92	49.538	0.665	0.952	0.702
	行业协会	66	54.364	0.498	0.871	0.73
	中介服务（咨询）机构	67.5	52.636	0.339	0.622	0.736
创新网络关系频度	前服务商	66.58	65.538	0.341	0.987	0.732
	后服务商	66.42	60.447	0.588	0.984	0.704
	主要客户	61.58	42.265	0.485	0.85	0.736
	主要同行	62	50	0.514	0.943	0.697
	相关科研院校	64.83	59.606	0.308	0.965	0.734
	政府部门	67.5	57	0.445	0.943	0.71
	相关金融机构（银行）	68.5	60.636	0.572	0.848	0.705
	行业协会	66.08	59.356	0.548	0.986	0.703
	中介服务（咨询）机构	68.5	63.182	0.455	0.92	0.72

二、关系广度、关系频度与企业创意设计能力关系

1. 整体分析（见表8.4）

表8.4　部分企业创意设计能力、关系广度、关系频度一览

企业名＼指标	LKK	DL	FY	GS	HH	LY	MM	QS	HSJ	WM	YMJ	ZN
创意设计能力	5.3	4.5	5	4.6	5.8	4.9	5.1	4.9	3.8	4.5	5	5.4
创新网络关系广度	8.3	7.7	8.4	8	8.6	8.6	9	8.6	6	7.4	8.2	9.3
创新网络关系频度	7.6	7.6	8.2	8.2	7.7	9.6	8.9	8.6	6.4	7.9	8.2	9.9

（1）整体关系广度与企业整体创意设计能力。

从表8.5可以看出，企业创意设计能力与关系广度的相关系数为0.85，为高度线性相关；显著性水平小于0.01，结果十分可信。

表8.5　整体关系广度与企业整体创意设计能力相关性分析

		企业创意设计能力	关系广度
企业创意设计能力	Pearson 相关性	1	0.850**
	显著性（双侧）		0.000
	N	12	12
关系广度	Pearson 相关性	0.850**	1
	显著性（双侧）	0.000	
	N	12	12

注：**，在0.01水平（双侧）上显著相关.

（2）关系频度与企业创意设计能力。

从表8.6可以看出，企业创意设计能力与关系频度的相关系数为0.496，为低度线性相关；但显著性水平大于0.1，结果不可信（一般认为显著性水平小于0.05为可信）。

表 8.6　　整体关系频度与企业整体创意设计能力相关性分析

		企业创意设计能力	关系频度
企业创意设计能力	Pearson 相关性	1	0.496
	显著性（双侧）		0.101
	N	12	12
关系频度	Pearson 相关性	0.496	1
	显著性（双侧）	0.101	
	N	12	12

2. 各节点关系广度、关系频度与企业创意设计能力的相关性分析

（1）各节点关系广度与企业创意设计能力相关性分析。

从表 8.7 可知，企业创意设计能力与主要客户关系广度的相关系数为 0.808，为高度线性相关；显著性水平小于 0.01，说明结果十分可信。企业创意设计能力与主要同行关系广度的相关系数为 0.589，为显著线性相关；显著性水平小于 0.05，说明结果较为可信。企业创意设计能力与相关科研院校关系广度的相关系数为 0.775，为显著线性相关；显著性水平小于 0.01，说明结果十分可信。而企业创意设计能力与前服务商、后服务商、政府部门、行业协会、中介服务机构等关系广度的相关显著性水平分别 0.485、0.805、0.382、0.314、0.223，均大于 0.05，说明相关性不可信。

表 8.7　　各节点关系广度与企业创意设计能力相关性分析

各节点	相关系数	相关程度	显著性水平	是否通过检验	是否具有相关性
前服务商	0.223	无	0.485	否	否
后服务商	0.08	无	0.805	否	否
主要客户	0.808	高度线性相关	0.01	是	是
主要同行	0.589	显著线性相关	0.044	是	是
相关科研院校	0.775	显著线性相关	0.003	是	是
政府部门	0.278	无	0.382	否	否
相关金融机构（银行）	0.755	显著线性相关	0.005	是	是

续表

各节点	相关系数	相关程度	显著性水平	是否通过检验	是否具有相关性
行业协会	0.318	无	0.314	否	否
中介服务（咨询）机构	0.380	无	0.223	否	否

（2）各节点关系频度与企业创意设计能力相关性分析。

从表8.8可知，企业创意设计能力与网络关系中的各节点的关系频度的显著性水平都大于0.05，表明与各节点的关系频度均不相关。

表8.8　　各节点关系频度与企业创意设计能力相关性分析

各节点	相关系数	相关程度	显著性水平	是否通过检验	是否具有相关性
前服务商	0.179	无	0.579	否	否
后服务商	0.231	无	0.470	否	否
主要客户	0.397	无	0.201	否	否
主要同行	0.358	无	0.253	否	否
相关科研院校	0.303	无	0.339	否	否
政府部门	0.262	无	0.411	否	否
相关金融机构（银行）	0.159	无	0.621	否	否
行业协会	0.243	无	0.446	否	否
中介服务（咨询）机构	0.372	无	0.234	否	否

注：一般认为显著性水平小于0.1时，二者具有相关性。

三、不同空间尺度关系广度、关系频度与企业创意设计能力的关系

从表8.9数据看，在园区、城市、全球等三个尺度上，显著性水平都小于0.1，说明企业的创意设计能力与企业与这个三个尺度空间上网络关系广度成正相关性，也即企业在这三个尺度空间上的关系广度越大，企业创意设计能力越大。在国家尺度空间，显著性水平为0.116，大于0.1，相关性不明显。

表 8.9　　　各空间尺度联系广度与企业创意设计能力之间的相关性分析汇

网络关系频度	相关系数	相关程度	显著性水平	是否通过检验	是否具有相关性
园区内平均关系频度	0.592	显著线性相关	0.043	是	是
城市内平均关系频度	0.543	无	0.068	是	是
国家内平均关系频度	0.478	无	0.116	否	否
全球平均关系频度	0.574	无	0.051	是	是

注：一般认为显著性水平小于 0.1 时，二者具有相关性。

从表 8.10 数据看，在四个尺度空间上，显著性水平都大于 0.1，企业的创意设计能力与企业的网络关系频度不相关。

表 8.10　　　各空间尺度关系频度与企业创意设计能力之间的相关性分析汇

网络关系频度	相关系数	相关程度	显著性水平	是否通过检验	是否具有相关性
园区内平均关系频度	0.350	无	0.264	否	否
城市内平均关系频度	0.272	无	0.392	否	否
国家内平均关系频度	0.334	无	0.288	否	否
全球平均关系频度	0.459	无	0.133	否	否

第三节　合作网络对企业创意设计能力影响的机理分析

一、关系广度、关系强度与企业创意设计能力

1. 关系广度与企业创意设计能力正相关

从以上数据分析可知，对于现阶段的上海工业设计企业，其创新设计

能力与企业网络的关系广度具有高度相关性，也即企业与外界联系越广，合作伙伴越多，企业的创新设计能力越强。简兆权（2010）证实网络关系与知识共享具有显著的正相关关系。丰富的关系资源提高了企业与其他合作者进行知识交流、信息共享的可能性，能形成更多的业务往来。

2. 关系频度与企业创意设计能力不相关

数据显示，企业创意设计能力与企业网络的关系频度不具有相关性，也即并不是与外界联系越频繁就越有创新能力。这种结果可能跟目前上海工业设计企业所处的发展阶段有关。目前阶段的上海工业设计企业大部分都处于创业起步阶段，都是小微企业，尽管与外界联系能获得创新资源，并感受到创新压力。但小微企业毕竟各种资源有限，频繁地与外界进行交流并不利于企业有限的内部资源的合理分配。所以，从总体上来看，关系强度对工业设计企业的创新能力影响不显著。这也印证了访谈中，一些被访者提到的“工业设计圈子挺小的，都是这些人频繁地接触也不见得能碰出什么创意火花，设计圈子也需要异质性”。同一类别的人频繁地交流会产生很多冗余信息，也有可能会导致网络锁定（圈子锁定），不利于创新。对于大型的发展处于成熟阶段的工业设计企业，也许结论不一样。但因为上海大型的工业设计企业数量非常有限，本章的数据分析都是针对小微型的工业设计企业，没有对大型工业设计企业单独做分析。在实际访谈调研中，本研究调研访谈了并不位于创意园区中的上海通用汽车有限公司所属的泛亚汽车技术中心（中国首家合资设立的专业汽车设计开发中心，成立于1997年），这是一家中型设计公司，属于较成熟阶段的设计公司，主要服务对象为通用汽车、上海汽车集团，与客户会进行频繁地交流，对于这类企业，合作网络关系频度与企业创意设计能力或许成正相关。

这部分实证分析验证了Granovetter的弱联结的力量，他在1973发表的《弱联结的力量》一文中，认为弱联系有利于知识分享，而强联系在背景相似的个体间发生，容易导致信息重复出现，出现冗余信息。有研究认为弱联系、结构洞和网络多样性形成的稀疏异质性网络对企业获取新颖的知识有帮助，可以促使企业提升创新绩效。也有学者（Ahuja，2000；Darr and Kurzberg，2000）认为弱联系对创新有不利影响。所以，最近的一些研究（Lechner，Frankenberger and Floyd，2010）表明弱联系与企业创新绩效存在倒U型曲线关系，在企业不同的发展阶段，对创新绩效存在不同的作用。工业设计企业合作网络中是否存在这种规律，有待于从时间尺度获取大量纵向数据，将企业发展划分为不同的阶段，对不同阶段的网络关系强度与创新绩效进行分析才可以得出结论。

3. 与客户、同行、科研院校的关系广度与企业创意设计能力正相关，关系频度上与企业创意设计能力不相关

数据显示网络关系广度与企业创意设计能力高度相关，但也并不表明网络中所有的节点都与其呈正相关关系。通过将企业创意设计能力与网络中各节点的关系广度进行相关性分析得知，企业创意设计能力与主要客户、主要同行、相关科研院校联系广度显著相关；显著性水平均小于0.01，说明结果十分可信。相关性分析结果进一步证明了客户、同行、科研院校是工业设计企业合作网络中重要的节点，这几个节点是影响企业创意设计能力重要的外部因素。合作的客户、同行、科研院校越多，企业创意设计能力越强。但数据同样显示，客户、同行、科研院校在关系频度上与企业创意设计能力不相关。这也说明，合作客户、同行、科研院校在广度上比在频度有利于企业创新。

4. 与前后服务商、政府部门、行业协会、中介机构的关系广度、频度均与企业创意设计能力不相关

数据显示企业创意设计能力与前服务商、后服务商、政府部门、行业协会、中介服务机构等关系广度的相关显著性水平均大于0.1，说明不相关。

前后服务商。前文有讨论过，目前阶段，工业设计企业与前后供应商交流合作得较少，所以不论是从关系广度还是关系频度来分析，都与企业创意设计能力关系不大。行业协会是专业性较强的服务机构，本身数量较少，工业设计企业与其交流更多地取决于联系内容，而不在于联系的行业协会的数量（广度）和联系的频度。

政府在制定政策、设计宣传方面影响到整个设计行业的发展，具体到某个设计企业，他们往往很少跟政府打交道。在深度访谈中，不少被访者认可政府在制定政策以及产业引导方面发挥的作用。但具体到自己的企业运营中，他们认为自己的企业是小微型企业，很少有机会与政府对话，与政府的交流合作的机会较少。在上海出台了创意产业专项扶持资金后，申请到的企业还是挺认可这项举措，尤其是对一些微型的设计企业，这项资金往往能起到较大的作用。这项资金实施三年来，在具体实施中，也有些问题。不少专家以及政府部门负责人认为这项资金的实际效果并没有预期的那么好，很多企业申请到资金后，并没有按照当初的计划去认真实施。很多项目也只拿到部分启动资金，而后续资金因评审不合格没能到位。

从数据分析结果看，前服务商、后服务商、政府部门、行业协会、中介服务机构等在关系广度与关系强度两个维度与企业创意设计能力不相关，但并不能说这些机构在工业设计企业合作网络中作用微弱。对于目前上海工业设计业来讲，发展处于起步阶段，企业规模小，各种资源有限，企业不可能与所有的合作伙伴都建立强联系。在有限的资源约束的前提下，工业设计企业仅仅选择与之最相关的客户、高校与科研机构、同行之间进行交流。另外，维持弱联系所需投入的资源较少，在资源约束的条件下，与创新伙伴的平均联系强度越弱，企业能够发展和维持的联系数量（也即联系广度）就越多。在工业设计业发展初期阶段，扩大人脉关系获取新知识、新机会显得更重要。当然衡量网络质量的指标远不止广度与强度，本书两个维度的研究或许会存在不足。

二、不同空间尺度上的关系广度、关系强度与企业创意设计能力

1. 不同尺度上企业创意设计能力与合作网络关系广度差异较大

在园区、城市、全球尺度上，企业创意设计能力与合作网络关系广度正相关；而在国家尺度上，企业创意设计能力与合作网络关系广度则不具有相关性。

（1）园区。

在前面的分析中得知，园区尺度，企业合作网络还很不发达，还没结成稠密的网络关系。但这并不说明企业与园区内其他企业、机构的合作不重要，恰恰相反，企业认为与园区内各网络节点展开广泛交流，将会对企

业创意设计能力有帮助。通过与其他各节点的合作，有利于企业获得各种信息、知识与灵感。隐性知识的流动是这个尺度网络关系建立的重要因素。这种隐性知识通常与园区内的设计师、艺术家和技术人员的自身的生活环境、历史根基及其文化底蕴息息相关，根植于特定的地域或文化里。只有通过地理近邻、关系近邻、认知近邻才能去真正地领会这些具有黏性的知识。

前文已讨论过园区内企业正式的合作交流并不多，但受访企业仍充分肯定集聚的积极作用。因为同一园区内，虽然知识、信息的新颖度不够高，但各种邻近性的存在，导致彼此间的知识转移、流动比较容易。地理邻近性、认知邻近有利于隐性知识的传播，可以跨越弱联系本身的障碍，使得弱联系的正效用充分实现。另外，处于同一园区可以共享园区基础设施、共享园区各类平台、共享园区创意氛围等。因此，目前上海创意园区中的企业、机构之间虽没有建立严格的产业链关联，也没有过多的正式交流、强联系，但产业园这种模式仍被创意企业所青睐。但同时也应该认识到，园区内企业与机构之间虽已有知识流动，但由于各行为主体的知识深度都不高，导致知识互动转化不足。知识流动不是自发的，地理邻近或表面上相关的行为主体之间不必然产生知识流动（马铭波、王缉慈，2012）。集群内即使有丰富的知识、信息，但若企业本身没有很好的吸收能力，也会阻碍集群效益的发挥。

根据克鲁格曼（1991）、波特（1998）、Tichy（1998）等研究结果，可将集群企业合作网络视为类似生物的有机体，有其生命周期，可以划分为诞生、成长、成熟与衰退的四个阶段。在不同的发展期阶段，集群网络具有不同的特征。上海市中心的众多创意园区改造自旧工厂、旧码头，本身空间有限，再加上地处市中心，周边拓展空间也有限。园区内的企业合作网络在其生命周期的每个阶段所表现出来的特征或许会有别于一般的集群网络。国内外很多学者关注过内城创意产业集群发展的轨迹，发现呈现一个逐渐中产阶级化的过程，也即园区发展初期是一些个体创意人士或小型的工作室迁居于此，这个阶段，艺术家或设计师彼此互相认识，交流较多；随着此地名声的逐渐增大，地租也不断上涨，阻碍了一些起步阶段的艺术家的进入，一些原本在此地的尚未成名的艺术家也不得不迁到地租更便宜的地方去，此地实现中产阶级化，一些付得起地租的有实力的创意企业迁居于此。这些企业若能建立起较好的本地网络，则能促进集群的发展，若没有很好的本地网络，则集群存在的意义弱化，企业有可能就会弃集群而去，如巴泽尔特针对莱比锡多媒体产业集群指出，集群的健康的发展既需要本地蜂鸣（本地网络），也需要全球通道（全球网络）。

上海创意园区、上海独立的设计企业发展都较晚，所以无论从集群网络还是企业合作网络角度看，这两者都较新，处于成长阶段。因园区空间有限、创意设计企业生产性服务业的属性以及园区招商的功利性，上海创意园区没有遵循集群企业网络发展的一般轨迹，园区发展到成长阶段并没有导致产业链上下游企业的集聚，基于产业链的关系网络微弱。园区企业集聚的主要动力来自于隐性知识的流动、基础设施的便利、创意氛围的共享。园区在未来的发展中，应尽可能在促进园区同行的交流上做些努力，在招商中，充分考虑入园企业之间的共通性，以让园区企业能共享知识、信息资源并获取产业链关联带来的优势。集群网络的生命周期见表 8.11。

表 8.11　　集群企业网络的生命周期

发展阶段	主要特点
诞生阶段	企业初步形成聚集，并凭借信息网络、分工协作及资源共享所产生的外部经济获得竞争优势
成长阶段	网络发展迅速，网络内资源日益集中，基于资源的大规模生产和创新竞争优势明显
成熟阶段	生产过程和产品趋于标准化，本地同类产品企业间竞争加剧，利润下降，企业创新变慢，出现过度竞争的威胁
衰退阶段	大量企业退出，企业对市场的反应能力下降，网络发展缺乏内在动力，竞争优势逐渐削弱

资料来源：转引自赵建吉（2011）基于 Tichy（1998）修改.

（2）城市。

从第七章的分析中已经得出，本市是工业设计企业网络关系最稠密的区域。从相关性分析也看出企业的创意设计能力与企业市区尺度的合作网络关系广度正相关，也即在本市范围内，合作伙伴越多，越有利于企业创意设计能力的提高。

Glaeser（2000）认为大都市是思想发生和传递的中心。大都市给个人之间、企业之间思想的流动提供了便利，因此，企业喜欢集聚在大都市，可以相互学习。Lucas（1988）也认同城市是知识溢出的孕育基础。Glaeser（2000）认为，知识具有黏性，随着距离的提高，传播的成本也会上升。这也就表明邻近知识源，获取更多的知识溢出，企业可以降低成本。波特认为，虽然企业可以在全球各地采购资金、商品、信息和技术等，但维持全球经济竞争优势在于越来越依赖遥远对手所不能得到的本地黏性的方面。区域内的企业可以通过本地黏性的特质来区别自己。而这些黏性资源不太容易逃离本地。在如今知识经济发展中，这些嵌入到区域关系和网络中的本地资源、知识是企业和区域发展的重要资源。上海本地市场优势、人才优势、创新环境优势等使得设计企业首先根据邻近性原则就近寻求合作，在本地建立合作网络。另外，也因为这些设计企业辐射能力还比较有限，还没有能力将触角延伸到更远的空间。

（3）国家。

从相关性分析得知，在外省市空间，企业创意设计能力与合作网络关系广度不相关。可能的解释是，在这个空间尺度上，主要的合作伙伴是客户企业，与网络中其他节点合作都很少，导致在整体上，企业创意设计能力与合作关系广度不相关。

（4）全球。

上海工业设计企业总体上与国外联系较少，网络关系微弱。从相关性分析可知，企业与国外联系越广，企业创新设计能力越强。目前，能跨越各种障碍开展国际交流的企业相对而言实力也会较强。在我国目前设计企业处于模仿学习阶段，开展国际交流的企业能从国际交流中获取更多的信息、知识、创意灵感等，有利于自身的创意设计能力的提高。

2. 在四个空间尺度上，企业创意设计能力与合作网络关系频度不相关

相关性分析的结果显示，在四个空间尺度上，企业创意设计能力与合作网络关系频度都不相关。可能的解释是，上海的工业设计企业都是小型的创新型企业，内部资源有限，如果进行强联系，会分散企业有限的资源，不利于企业聚焦精力，阻碍创业阶段的小型知识密集型企业的创新绩效的提高。

总而言之，上海工业设计业创意设计能力与企业网络的关系广度高度相关，而与关系频度无关。在园区、城市、国内尺度上，企业创意设计能力与客户、同行、科研院校的关系广度成正相关。但在国家尺度上二者的相关性不明显。在园区、城市、国家、全球等四个空间尺度上，企业创意设计能力与合作网络关系频度均不相关。

附录

附录1　上海工业设计业空间分布及网络特征调查问卷

1. 企业基本情况

（1）贵企业是在创意园区里吗？（　　）

A 是　　B 不是

请填贵公司地址________________

（2）贵公司从事设计的员工有多少人？________

（3）贵公司性质是（　　）

A 国有及国有控股　B 三资　C 民营企业　D 上市公司

2. 请问贵公司选址于此地的原因？请根据贵公司实际情况在合适选项框里打√。

类别	影响要素	非常不重要	不重要	一般	重要	非常重要
整体商务环境	交通条件					
	创意氛围					
	办公楼特质					
	地段的知名度					
	地价和房租					
服务设施	公共服务设施（如公园、绿地、各类展馆等）					
外部影响因素	毗邻主要客户					
	获得实时信息					
	集聚效应					
	获取其他企业的经营经验					
	分享竞争者的市场份额					

续表

类别	影响要素	非常不重要	不重要	一般	重要	非常重要
人力资源	毗邻高校					
	获取高素质劳动力					
政府行为	城市规划					
	政府优惠政策					
	政府资金支持					

一、企业创新绩效测度

请按照贵公司的实际情况，对下面的描述在合适分值下面的框里打√。

企业创新情况	不同意				同意		
	1	2	3	4	5	6	7
与同行相比，我们获各类奖的能力很高							
与同行相比，我们拥有一流的产品开发能力							
与同行相比，我们客户的满意度很高							
与同行相比，我们的市场开拓能力很高							
与同行相比，我们设计人员的创新素质很高							
与同行相比，我们设计人员的内外沟通能力很高							
与同行相比，我们知识获取与累积能力很强							
与同行相比，我们创意投入能力很强							

二、企业合作网络特征

前服务商：设计前服务/产品供应：包括市场调查/咨询、设计业务信息、新材料供应等

后服务商：设计后服务/产品供应：包括模具/模型制作、测试/专业软件分析/创意产品制作、设计服务营销

（一）关系频度

1. 与本园区（如果您公司不在园区内，请忽略此项）相关企业（机构）关系频度（关系强度）

在过去两年的新产品开发过程中，贵企业与本园区内相关企业（机构）合作交流的频率（在合适的区域打√），如本园区内没有相应的企业（机构），请注明无此企业（机构）。

主要节点＼关系频度	没有交往	每年一两次	每月不到一次	每月一两次	每月三四次	每周一两次	每周两次以上
主要前服务商							
主要后服务商							
主要客户							
主要同行							
相关科研院校							
政府部门（管理机构）							
相关金融机构（银行）							
行业协会							

2. 与本市相关企业（机构）关系频度（关系强度）

在过去两年的新产品开发过程中，贵企业与本市相关企业（机构）合作交流的频率（在合适的区域打√），如本园区内没有相应的企业（机构），请注明无此企业（机构）。

主要节点＼关系频度	没有交往	每年一两次	每月不到一次	每月一两次	每月三四次	每周一两次	每周两次以上
主要前服务商							
主要后服务商							
主要客户							

续表

主要节点 \ 关系频度	没有交往	每年一两次	每月不到一次	每月一两次	每月三四次	每周一两次	每周两次以上
主要同行							
相关科研院校							
政府部门（管理机构）							
相关金融机构（银行）							
行业协会							

3. 与外省市相关企业（机构）关系频度（关系强度）

在过去两年的新产品开发过程中，贵企业与外省市相关企业（机构）合作交流的频率（在合适的区域打√），如本园区内没有相应的企业（机构），请注明无此企业（机构）。

主要节点 \ 关系频度	没有交往	每年一两次	每月不到一次	每月一两次	每月三四次	每周一两次	每周两次以上
主要前服务商							
主要后服务商							
主要客户							
主要同行							
相关科研院校							
政府部门（管理机构）							
相关金融机构（银行）							
行业协会							

4. 与国外相关企业（机构）关系频度（关系强度）

在过去两年的新产品开发过程中，贵企业与国外相关企业（机构）合作交流的频率（在合适的区域打√），如本园区内没有相应的企业（机构），请注明无此企业（机构）。

主要节点 \ 关系频度	没有交往	每年一两次	每月不到一次	每月一两次	每月三四次	每周一两次	每周两次以上
主要前服务商							
主要后服务商							
主要客户							
主要同行							
相关科研院校							
政府部门（管理机构）							
相关金融机构（银行）							
行业协会							

（二）关系广度

1. 与园区内各企业（机构）合作的规模（如果您公司不在园区内，请忽略此项）

	合作企业（机构）的数量						
	无	1～3	4～6	7～9	10～12	12～14	15以上
主要前服务商							
主要后服务商							
主要同行							
主要客户							
相关科研院校							
政府部门（管理机构）							
相关金融机构（银行）							
行业协会							

2. 与市区内各企业（机构）合作的规模

	合作企业（机构）的数量						
	无	1～3	4～6	7～9	10～12	12～14	15以上
主要前服务商							
主要后服务商							
主要同行							
主要客户							
相关科研院校							
政府部门（管理机构）							
相关金融机构（银行）							
行业协会							

3. 与国内其他地区各企业（机构）合作的规模

	合作企业（机构）的数量						
	无	1～3	4～6	7～9	10～12	12～14	15以上
主要前服务商							
主要后服务商							
主要同行							
主要客户							
相关科研院校							
政府部门（管理机构）							
相关金融机构（银行）							
行业协会							

4. 与国外各企业（机构）合作的规模

	合作企业（机构）的数量						
	无	1～3	4～6	7～9	10～12	12～14	15以上
主要前服务商							
主要后服务商							
主要同行							
主要客户							
相关科研院校							
政府部门（管理机构）							
相关金融机构（银行）							
行业协会							

附录 2　上海工业设计业空间分布及网络特征深度访谈提纲

1. 影响企业创意设计能力的因素主要有哪些?

2. 哪个节点上的合作伙伴有利于企业创意设计能力的提高? 如何评价各个节点对企业的作用?

3. 合作伙伴的空间分布情况?

4. 与合作伙伴主要交流方式是什么? 如何看待正式交流与非正式交流对企业发展的影响?

5. 政府在企业创新中所起的作用?

6. 企业与各个伙伴合作时间的长短是否影响企业的创新?

7. 如何看待同行对企业创新的影响?

参考文献

[1] Allen Scott. On Hollywood, The Place The Industry [M]. Princeton University Press, 2005.

[2] Almeida P. & B. Kogut. Localization of Knowledge and the Mobility of Engineers in Regional Networks [J]. Management Science, 1999, 45 (7): 905 -917.

[3] Antonelli C. Collective Knowledge Communication and Innovation: The Evidence of Technological Districts [J]. Regional Studies, 2000, 34 (6): 535 -547.

[4] Bassett K., Griffiths R., et al. Cultural Industries, Cultural Clusters and the City: The Example of Natural History Film-Making in Bristol [J]. Geoforum, 2002, 33 (2): 165 -177.

[5] Bathelt H., Malmberg A. and Maskell P. Clusters and Knowledge: Local Buzz, Global Pipelines and the Process of Knowledge Creation [J]. Progress in Human Geography 2004, 28 (1): 31 -56.

[6] Bathelt H. and Glückler J. Resources in Economic Geography: From Substantive Concepts towards a Relational Perspective [J]. Environment and Planning A, 2005 (37): 1545 -1563.

[7] Bathelt H. and Glückler J. The Relational Economy: Geographies of Knowing and Learning [M]. Oxford University Press, Oxford, 2011.

[8] Bathelt H. and Glückler J. Toward a Relational Economic Geography [J]. Journal of Economic Geography 2003, 3 (2): 117 -144.

[9] Bell G. G. Clusters, Networks, and Firm Innovativeness [J]. Strategic Management Journal, 2005 (3): 287 -295.

[10] Biggs, T. and Shah, M. African SMES, Networks, and Manufacturing Performance [DB/OL]. http: //www-wds. worldbank. org/external/default/WDSContentServer/WDSP/IB/2006/02/17/000016406_20060217164841/Rendered/PDF/wps3855. pdf? origin = publication_detail.

[11] Bill E. Japan's Future Potential in a Globalizing Economy [DB/OL]. www. billemmott. com.

[12] Bontje, M., Musterd, S. Creative Industries, Creative Class and Competitiveness: Expert Opinions Critically Appraised [J]. Geoforum, 2009, 40 (5): 843 -852.

[13] Boschma R. Proximity and Innovation: A Critical Assessment [J]. Regional Studies, 2005, 39 (1): 61 -74.

[14] Breschi S., Lissoni F. Mobility and Social Networks: Localised Knowledge Spillovers Revisited [J]. Milan: University Bocconi, CESPRI Working Paper, 2003 (142).

[15] Broekel T., Boschma R. A. Knowledge Networks in the Dutch Aviation Industry: The Proximity Paradox [J]. Economic Geography, 2012 (2): 409 -433.

[16] Cantner U., Graf. The Network of Innovators in Jena: An Application of Social Network Analysis [J]. Research Policy, 2006 (35): 463 -480.

[17] Carliss Baldwin, Christoph Hienerth, Eric von Hippel. How User Innovations become Commercial Products: A Theoretical Investigation and Case Study [J]. Technovation, 2006, 35 (9): 1291 -1313.

[18] Coe N M. A Hybrid Agglomeration? The Development of a Satellite-Marshallian Industrial District in Vancouver's Film Industry [J]. Urban Studies, 2001, 38 (10): 1753 -1775.

[19] Coe N M. The View from out West: Embeddedness, Inter-personal Relations and the Development of an Indigenous Film Industry in Vancouver [J]. Geoforum, 2000, 31 (4): 391 -407.

[20] Cooke P, Morgan K. The Associational Economy. Firms, Regions, and Innovation [M]. Oxford: Oxford University Press, 1998.

[21] Cooke P. Regional Innovation Systems: General Findings and Some New Evidence from Biotechnology Clusters [J]. The Journal of Technology Transfer, 2002, 27 (1): 133 -145.

[22] Currid, E. The Warhol Economy: How Fashion, Art and Music Drive New York City [M]. Princeton, NJ: Princeton University Press, 2007.

[23] Darr E. D., Kurtzberg T. R. An Investigation of Partner Similarity Dimensions on Knowledge Transfer [J]. Organizational Behavior and Human Decision Processes, 2000, 82 (1) 28 -44.

[24] Diez J. R. Innovative Networks in Manufacturing: Some Empirical Evidence from the Metropolitan Area of Barcelona [J]. Technovation, 2000 (20): 139 -150.

[25] Elfring T., Hulsink W. Networks in Entrepreneurships: The Case of High-technology Firms [J]. Small Business Economics, 2003, 21 (4): 409 -422.

[26] Emma Felton, Christy Collis & Phil Graham. Making Connections: Creative Industries Networks in Outer-suburban Locations [M]. In Gibson, Chris (Ed.) Creativity in "Peripheral" Places: Redefining the Creative Industries. Routledge, Oxford, United Kingdom.

[27] Florida, R. The Rise of the Creative Class-Why Cities without Gays and Rock Bands al'e Losing the Economic Development Rage, http. //WWW. creativeclass. org. 2002.

[28] Firat, A. F., and Dholakian, N. Consuming people: From Political Economy to Theaters of Consumption [M]. London: Sage Publications, 1998.

[29] Gallaud D., Torre A. Geographical Proximity and the Diffusion of Knowledge [M]. New York: Springer, Rethinking Regional Innovation and Change, 2005.

[30] Gemũnden, H. G., Ritter, T., and Heydebreck, P. Network Configuration and Innovation Success: An Empirical Analysis in German high-tech Industries [J]. International Journal of Research in Marketing, 1996, 13 (5): 449 -462.

[31] Giuliani, Bell M. The Micro-determinants of Meso-level Learning and

Innovation: Evidence from a Chilean Wine Cluster [J]. Research Policy, 2005 (1): 34 – 68.

[32] Gordon I. R, Mccann P. Industrial Clusters: Complexes, Agglomeration and/or Social Networks? [J]. Urban Studies, 2000 (3): 513 – 532.

[33] Grabher, G., Stark D. Organizing Diversity: Evolutionary Theory, Network Analysis and Postsocialism [J]. Regional Studies, 1997, 31 (5): 533 – 544.

[34] Grabher G. The Project Ecology of Advertising: Tasks, Talents and Teams [J]. Regional Studies, 2002, 36 (3): 245 – 262.

[35] Grabher, G., and O. Ibert. Bad Company? The Ambiguity of Personal Knowledge Networks [J]. Journal of Economic Geography, 2006 (6): 251 – 271.

[36] Grabher G., Stark D. Organizing Diversity: Evolutionary Theory, Network Analysis and Postsocialism [J]. Regional Studies, 1997, 31 (4): 411 – 423.

[37] Grabher, G. Ecologies of Creativity: The Village, the Group, and the Heterarchic Organisation of the British Advertising Industry [J]. Environment and Planning A, 2001 (33): 351 – 374.

[38] Granovetter, M. Problems of Explanation in Ecomomic Sociology: Network and Organizations: Structure, Form, and Action [M]. Boston, Mass: Harvard Business School Press, 1999.

[39] Granovetter. M. Economic Action and Social Structure: The Problem of Embeddedness [J]. American Journal of Sociology, 1985 (1): 481 – 510.

[40] Heebels, B., Boschma, R. Performing in Dutch Book Publishing 1880 – 2008. The Importance of Entrepreneurial Experience and the Amsterdam Cluster [J]. Journal of Economic Geography, 2011 (11): 1007 – 1029.

[41] Hutton, Thomas A. Spatiality, Built form, and Creative Industry Development in the Inner City [J]. Environment &Planning, 2006, 38 (10): 1819 – 1841.

[42] Hutton. The New Economy of the Inner City [J]. Cities, 2004, 21 (2): 89 – 108.

[43] Isard W. Introduction to Regional Science [M]. London: Prentice Hall, 1975.

[44] Johannes Glückler. Knowledge, Networks and Space: Connectivity and the Problem of Non-Interactive Learning [DB/OL]. Spaces online, 2013, 11 (2).

[45] John Howkins. The Creative Economy: How People Make Money from Ideas [M]. Penguin Books Ltd, UK, 2002

[46] Justin O'onnor. Art, Popular Culture and Cultural Policy: Variations on a Theme of John Carey [J]. Critical Quarterly, 2006, 48 (4): 49-104.

[47] Karaomerioglu and carlaaon. Manufacturing in Decline? A Matter of Definition. Economy, Innovation [J]. New Technology, 1999 (8): 175-196.

[48] Keeble, D. & Lawson C. Collective Learning Processes, Networking and "Institutional Thickness" in the Cambridge Region [J]. Regional Studies, 1999 (1): 319-332.

[49] Knoben J., Oerlemans L. A. G. Proximity and inter-organizational collaboration: A literature review [J]. International Journal of Management Reviews, 2006 (2): 71-89.

[50] Kotler, P., Rath, G. A. Design: A Powerful but Neglected Strategic Tool [J]. Journal of Business Strategy, 1984, 5 (2): 16-21.

[51] Landry, C. The Creative City: A Toolkit for Urban Innovation [J]. London: Comedia Earthscan Publication, 2000.

[52] Landry, Charles. The Art of City Making [M]. First published by Earthscan in the UK and USA in 2006.

[53] Landry C. Lineages of the Creative City. [EB/OL]. http://irogaland.no/ir/file_public/download/Noku/Lineages%20of%20the%20Creative%20City.pdf, 2005-09-18.

[54] Lawson, C. Towards a Competence Theory of the Region [J]. Cambridge Journal of Eonomics. 1999 (23): 151-166.

[55] Losch A.. The Economics of Location. New Haven: Yale [M]. University Press, 1954.

[56] Lowendahl, B. & Hitt, M. Direct and Moderating Effects of Human Capital on Strategy and Performance in Professional Service Firms: A Resource-based Perspective [J]. Academy of Management Journal, 2001 (2): 113 -128.

[57] Marshall A. Principles of Economics. 8th ed. [M]. London: Macmillan, 1925.

[58] Mezias, J., Mezias, S. Resource Partitioning, the Founding of Specialist Firms, and Innovation: The American Feature Film Industry, 1912 -1929 [J]. Organization Science, 2000 (11): 306 -322.

[59] Michael E. Porter. The Competitive Advantage of Nations [M]. Free Press, 1998.

[60] Miles I. Knowledge Intensive Services Suppliers and Clients [R]. Report to the Ministry of Trade and Industry. Finland: Studies and Reports, 2003.

[61] Muller E., Zenker A. Business Services as Actors of Knowledge Transformation: the Role of KIBS in Regional and National Innovation Systems [J]. Research Policy, 2001, 30 (9): 1501 -1516.

[62] Nooteboom, B. Innovation and Inter-firm Linkages: New-implications for Policy [J]. Research Policy, 1999, 28 (8): 793 -805.

[63] Oerlemans L. A. G., Meeus M. T. H. Do Organizational and Spatial Proximity Impact on Firm Performance? [J]. Regional Studies, 2005, 39 (1): 89 -104.

[64] Paul Krugman, Anthony J. Venables in Integration and the Competitiveness of Peripheral Industry [M]. Vol. Eds.: Christopher Bliss, Jorge Braga De Macedo, Cambridge University Press, Cambridge, 1990.

[65] Paul R. Krugman. Geography and Trade [M]. Cambridge, MA: The MIT Press, 1991.

[66] Paul R. Krugman. Increasing Returns and Economic Geography [J]. The Journal of Political Economy, 1991, 99 (3): 483 -499.

[67] Pierre-Alexandre Balland, Mathijs De Vaan and Ron Boschma. The Dynamics of Interfirm Networks along the Industry Life Cycle: The Case of the

Global Video Game Industry, 1987 - 2007 [J]. Journal of Economic Geography, 2013 (13): 741 - 765.

[68] Polanyi M. Book Reviews: Personal knowledge: Towards a Post-critical Philosophy [J]. Science, 129 (3352): 831 - 832.

[69] Polanyi M. The Tacit Dimension [M]. London: Routledge & kegan paul, 1966.

[70] Porter, M. E. Clusters and New Economics of Competition [J]. Harvard Business Review, 1998 (98): 77 - 90.

[71] Pratt A. C. Cultural Industries and Public Policy: An Oxymoron? [J]. The International Journal of Cultural Policy, 2005, 15 (1): 31 - 44.

[72] Pratt A. C. New Media, the New Economy and New Spaces [J]. Geoforum, 2000b, 31 (4): 425 - 436.

[73] Saxenian. A. Silicon Valley's New Immigrant Entrepreneurs [M]. California: Public Policy Institute of California, 1998..

[74] Scott A. A New Map of Hollywood: The Production and Distribution of American Motion Pictures [J]. Regional Studies, 2002, 36 (9): 957 - 975.

[75] Scott, A. J. The Cultural Economy of Cities [J]. International Journal of Urban and Regional Research, 1997 (2): 327 - 339.

[76] Scott A. J. Cultural - Products Industries and Urban Economic Development: Prospects for Growth and Market Contestation in Global Context [J]. Urban Affairs Review, 2004, 39 (4): 461 - 490.

[77] Scott A. J. Entrepreneurship, Innovation and Industrial Development: Geography and the Creative Field Revisited [J]. Small Business Economics, 2006, 26 (1): 1 - 24.

[78] Sharon Zukin and Laura Braslow. The Life Cycle of New York's Creative Districts: Reflections on the Unanticipated Consequences of Unplanned Cultural Zones [J]. City, Culture and Society, 2011, 2 (3): 131 - 140.

[79] Teis Hansen. Juggling with Proximity and Distance: Collaborative Innovation Projects in the Danish Cleantech Industry [J]. Economic Geography,

2014, 90 (4): 375 -402.

[80] Uzzi B. The Sources and Consequences of Embeddedness for the Economic Performance of Organizations: The Network Effect [J]. American Sociological Review, 1996 (61): 674 -698.

[81] Verganti R. Design as Brokering of Languages: The Role of Designers in the Innovation Strategies of Italian Firms [J]. Design Management Journal, 2003, 14 (3): 34 -42.

[82] Vito Albino, Nunzia Carbonara. External Knowledge Sources and Proximity: Towards a New Geography of Technology Districts [J]. Regional Studies, 2000 (3): 78 -83.

[83] Weber A. Theory of the Location of Industries. Chicago [M]. The University of Chicago Press, 1929.

[84] Whlttington B. K., Owen-Smith J., Powell W. W. Networks, Propinquity, and Innovation in Knowledge-intensive Industries [J]. Administrative Science Quarterly, 2009, 54 (1): 90 -122.

[85] Windrum P., Tomlinson M. Knowledge - intensive Services and International Competitiveness: A Four Country Comparison [J]. Technology Analysis & Strategic management, 1999, 11 (3): 391 -408.

[86] Yanxia Yang, Mayuresh Ektare, Innovation through Customers'Eyes [J]. Cybernetics and informatics, 2009 (7): 429 -434.

[87] You Zhao Liang, Ding Hau Huang, Wen Ko Chiou User. Oriented Design to the Chinese Industries Scenario and Experience Innovation Design Approach for the Industrializing Countries in the Digital Technology Era [J]. Comput Inform Science, 2007, (2): 156 -163.

[88] Yusuf S., Nabeshima K. Creative Industries in East Asia [J]. Cities, 2005, 22 (2): 109 -122.

[89] Yuya Kajikawa, Junichiro Mori, Ichiro Sakata. Identifying and Bridging Networks in Regional Clusters [J]. Technological Forecasting & Social Change, 2002 (79).

[90] Zukin, S. The Cultures of Cities [M]. Oxford: Blackwell, 1995.

［91］阿尔弗雷德·马歇尔．经济学原理［M］．北京：商务印书馆，1997.

［92］阿尔弗雷德·韦伯．工业区位理论：区位的纯粹理论［M］．北京：商务印书馆，1997.

［93］包晓雯．大都市现代服务业集聚区理论与实践——以上海为例［D］．华东师范大学博士论文，2009.

［94］曹洋．国家级高新技术产业园区技术创新网络研究［D］．天津大学博士论文，2008.

［95］陈国栋，张海波，陈圻．设计驱动在企业创新行为中的地位研究［J］．科学学与科学技术管理，2012，33（5）：122－129.

［96］陈柳钦．国内外关于产业集群技术创新环境研究综述［J］．贵州师范大学学报（社会科学版），2007，（5）：6－15.

［97］陈圻，刘曦卉．现代生产性服务业与我国工业设计产业的发展——纪念中国机械工程学会工业设计分会成立20周年论文集［C］．Proceedings of the 2006 International Conference on Industrial Design & The 11th China Industrial Design Annual Meeting.

［98］陈倩倩，王缉慈．论创意产业及其集群的发展环境——以音乐产业为例［J］．地域研究与开发，2005（10）：5－8，37.

［99］陈学光．网络能力、创新网络及创新绩效关系研究——以浙江高新技术企业为例［D］．浙江大学博士论文，2007.

［100］陈银燕，朱樟明．我国集成电路设计产业发展现状及对策研究［J］．科技进步与对策，2005，22（1）：78－80.

［101］池仁勇．区域中小企业创新网络的结点联结及其效率评价研究［J］．管理世界，2007（1）：105－112.

［102］褚劲风．国外创意产业集聚的理论视角与研究系谱［J］．世界地理研究，2009，18（1）：108－117.

［103］褚劲风．上海创意产业集聚空间组织研究［D］．华东师范大学博士论文，2008.

［104］崔国．布里斯班创意产业空间集聚及对灾后城市重建影响研究［D］．上海师范大学硕士论文，2011.

[105] 方田红，曾刚．大城市内城创意产业集群形成演化的影响因素分析——以上海M50为例［J］．华东理工大学学报（社会科学版），2013(5)：39－45.

[106] 方田红，曾刚．上海创意产业园区空间分布特征及空间影响［J］．社会科学家，2011，172（8）：59－63.

[107] 方田红．欧洲七城市创意产业发展政策及其对我国生态文明城市建设的启示［M］．中国城市研究（第七辑），北京：商务印书馆，2014.

[108] 顾强．中国产业集群：第1辑［M］．北京：机械工业出版社，2005.

[109] 高原．工业设计产业化与创意产业［D］．湖南大学硕士论文，2007.

[110] H. G. 格鲁伯．服务业的增长：原因和影响［M］．上海：上海三联书店，1993.

[111] 顾文波．德国工业设计教育思想初探［D］．南京艺术学院硕士论文，2006.

[112] 郭雯，张宏云．国际工业设计服务业发展启示［J］．科技促进发展，2010（7)：14－18．

[113] 郭雯．设计服务业创新政策的国内外比较及启示［J］．科研管理，2010（3)：124－130.

[114] 郭雯，张宏云．国际工业设计服务业发展及启示［J］．科技促进发展，2010（7)：14－18.

[115] 韩宝龙，李琳，刘昱含．地理邻近性对高新区创新绩效影响效应的实证研究［J］．科技进步与对策，2010（17)：40－43.

[116] 韩剑．企业研发活动（R&D）集聚的机理研究［D］．东南大学博士学位论文，2007.

[117] 贺寿昌．上海创意设计业的发展及信息传播［J］．创意设计源，2014（1）．

[118] 洪茹燕．集群企业创新网络、创新搜索及创新绩效关系研究［D］．浙江大学博士论文，2012.

[119] 侯亚婧．工业设计对企业穿品创新的影响［D］．南京理工大学

硕士论文，2011.

［120］胡国堂．工业设计与中国经济发展［J］．科技进步与对策．2003（12）：64－66.

［121］黄翔星，李伟．浅谈工业设计现状及厦门市的发展思路［J］．厦门科技 2011（6）：12－17.

［122］黄志启．知识溢出和产业中企业研发行为研究［D］．西北大学博士论文，2010.

［123］季丹．本土创意人才之源［N］．东方早报，2013.

［124］贾锐，李世国，朱晋伟．我国南北方制造业工业设计应用现状对比分析［J］．科技管理研究，2006（4）：68－71.

［125］简兆权，刘荣，招丽珠．网络关系、信任与知识共享对技术创新绩效的影响研究［J］．研究与发展管理，2010（2）：64－71.

［126］景秀艳，曾刚．全球与地方的契合－权力与生产网络的二维治［J］．人文地理，2007（3）：22－27.

［127］景秀艳．网络权力与企业投资空间决策——以台资网络为例［J］．人文地理，2009（4）：50－55，86.

［128］景秀艳．网络权力及其影响下的企业空间行为研究［D］．华东师范大学博士论文，2007.

［129］雷芳．日本经济强国兴起中的工业设计角色研究［D］．湖南大学硕士论文，2007.

［130］李殿伟，王宏达．创意产业知识产权保护的内在机理与对策［J］．科技进步与对策．2009，26（15）：54－56.

［131］李二玲．中国中部农区产业集群的企业网络研究［J］．河南大学博士论文，2006.

［132］李江帆，毕斗斗．国外生产服务业研究述评［J］．外国经济与管理，2004（11）：16－19.

［133］李蕾蕾，彭素英．文化与创意产业集群的研究谱系和前沿：走向文化生态隐喻？［J］．人文地理，2008，100（2）：33－38.

［134］李琳，韩宝龙．组织合作中的多维邻近性：西方文献评述与思考［J］．社会科学家，2009（7）：108－112.

[135] 李琳，雒道政．多维邻近性与创新：西方研究回顾与展望[J]．经济地理，2013，33（6）：1－7，41.

[136] 李世杰．产业集群的组织分析［D］．东北大学博士论文，2006.

[137] 李世杰．装备制造业集群网络结构与创新优势研究［D］．东北大学硕士论文，2005.

[138] 李小文，曹春香，常超一．地理学第一定律与时空邻近度的提出［J］．自然杂志，2007（2）：69－71.

[139] 李振华．上海市创意阶层休闲消费认同研究［D］．华东师范大学学位论文，2008.

[140] 李钟文等．硅谷优势——创新与创业精神的栖息地［M］．人民出版社，2002.

[141] 黎振强．基于知识溢出的邻近性对企业、产业和区域创新影响研究［D］．湖南大学博士论文，2010.

[142] 厉无畏，王慧敏．创意产业促进经济增长方式转变——机理·模式·路径［J］．中国工业经济，2006（11）：5－13.

[143] 梁新华．上海创意产业“十二五”发展研究：创新思路和产业新政［J］．上海经济研究，2010（12）：116－124.

[144] 凌琳，陈俊彦，王惠．科技文化融合与中国工业设计业的发展研究——以上海国际工业设计中心为例［J］．科技和产业，2013（6）：12－15.

[145] 刘强．城市更新背景下的大学周边创意产业集群发展研究——以同济大学周边设计创意产业集群为例［D］．同济大学博士论文，2007.

[146] 栾峰，王怀，安悦．上海市属创意产业园区的发展历程与总体空间分布特征［J］．城市规划学刊，2013（2）：70－78.

[147] 刘奕．创意产业与制造业融合发展：产业升级的重要途径[J]．中国经贸导刊，2011（8）：22－24.

[148] 吕国庆，曾刚，顾娜娜．经济地理学视角下区域合作网络的研究综述［J］．经济地理，2014，34（2）：1－8.

[149] 吕可文．知识基础、学习场与技术创新——以超硬材料产业为

例［D］. 河南大学博士论文，2013.

［150］马铭波，王缉慈．知识深度视角下文化产品制造业的相似问题及根源探究——基于国内钢琴制造业的例证［J］. 中国软科学，2012（3）：100－106.

［151］马铭波，王缉慈．制造业知识通道的建立及地方政府的作用——以国内乐器制造业为例［J］. 经济地理，2012，32（1）：85－89.

［152］马仁锋．创意产业区演化与大都市空间重构机理研究［D］. 华东师范大学博士论文，2011.

［153］迈克尔·波特（1998）．国家竞争优势［M］. 北京：中信出版社，2007.

［154］毛睿奕，曾刚．基于集体学习机制的创新网络模式研究——以浦东新区生物医药产业创新网络为例［J］. 经济地理，2010，30（9）：1478－1483.

［155］孟韬．网络视角下的产业集群组织研究［M］. 北京：中国社会科学出版社，2009.

［156］慕继丰，冯宗宪，李国平．基于企业网络的经济和区域发展理论［J］. 外国经济与管理，2001，23（3）：26－29.

［157］倪宏星．高科技产业集群基于非正式网络的知识流动与创新研究［D］. 复旦大学硕士论文，2006.

［158］潘瑾，李崟，陈媛．创意产业集群的知识溢出探析［J］. 科学管理研究，2007，25（4）：80－82.

［159］彭光顺．网络结构特征对企业创新与绩效的影响研究［D］. 华南理工大学博士论文，2010.

［160］时省．知识密集型服务业对中国创新经济的影响研究［D］. 中国科技大学博士学位论文，2013.

［161］孙志锋，郑亚红，陈萍．工业设计与制造业互动的掣肘因素研究［J］. 技术经济与管理研究，2013（9）：109－113.

［162］汤重熹．创新设计，广东企业“簇群”经济发展的利器——论广东专业镇工业设计创新体系的建设及其作用［J］. Proceedings of the 2004 International Conference on Industrial Design，2004，（6）：159－163.

[163] 汪涛，曾刚．地理邻近与上海浦东高技术企业创新活动研究[J]．世界地理研究，2008，17（1）：47－84.

[164] 王发明，宋雅静．缄默知识在创意产业集群网络中的共享与转移研究[J]．软科学，2013，26（5）：4－9.

[165] 王发明，孙滕云．空间集聚——嵌入地域发展的创意产业集群化研究[J]．中国地质大学学报（社会科学版），2013，13（2）：111－117.

[166] 王灏．光电子产业创新网络的构建与演进研究[D]．华东师范大学博士论文，2009.

[167] 王缉慈，陈平等．电影产业集群的典型模式及全球离岸外包下的集群发展[J]．中国电影艺术，2009（5）：15－20.

[168] 王缉慈等著．创新的空间：企业集群与区域发展[M]．北京：北京大学出版社，2001.

[169] 王敬甯，马铭波，王缉慈．台中市后里区乐器产业升级的案例及启示[J]．地域研究与开发，2011，30（6）：37－41.

[170] 王娟娟．设计熔铸价值：中国工业设计产业研究[M]．武汉：武汉大学出版社，2013.

[171] 王文科．微型创意企业发展路径研究[J]．中国国情国力，2012（6）：53－56.

[172] 王晓红，于炜等．中国工业设计发展报告 2014[M]．北京：社会科学文献出版社，2014.

[173] 王晓红．促进设计产业发展的政策建议[J]．中国科技投资，2007（12）：56－59.

[174] 王晓红．工业设计的概念及对转变经济发展方式的作用[J]．中国科技投资，2011（5）：71－73.

[175] 王勇．包豪斯工业设计思想研究[D]．山东大学硕士学位论文，2008 年.

[176] 王重远．政府和设计产业的战略协同[J]．设计艺术（山东工艺美术学院学报），2006（3）：68－69.

[177] 文嫮，曾刚．全球价值链治理与地方产业网络升级研究——以上海浦东集成电路产业网络为例[J]．中国工业经济，2005（7）：20－27.

［178］文嫮．嵌入全球价值链的中国地方产业网络升级机制的理论与实践研究［D］．华东师范大学博士学位论文，2005.

［179］文建国．加快工业设计发展，促进创新型国家建设——浅析中国工业设计的前景与策略［EB/OL］．中国社会科学网．

［180］沃尔特·克里斯塔勒．德国南部中心地原理［M］．北京：商务印书馆，1998.

［181］吴强军．浙江省中小企业集群化成长影响因素实证研究［D］．浙江大学博士论文，2004.

［182］吴琼．工业设计——提升中国制造价值的重要途径［J］．农业机械，2008（11）：60－61.

［183］吴晓冰．集群企业创新网络特征、知识获取及创新绩效关系研究［D］．浙江大学博士论文，2009.

［184］许登峰．基于社会网络的集群企业创新机制研究［D］．天津大学博士论文，2010.

［185］徐建敏．知识密集型服务业创新过程及关键性影响因素研究［D］．上海交通大学硕士论文，2008.

［186］徐建华．我国工业设计产业发展调查［DB/OL］．http：//www.cqn.com.cn/news/zgzlb/diwu/333892.html.

［187］解学梅．中小企业协同创新网络与创新绩效的实证研究［J］．管理科学学报，2010（13）：51－64.

［188］薛振国．日本工业设计产业的“三维成型”过程剖析［M］．艺术与设计，2010（1）．

［189］闫相斌，宋晓龙，宋晓红．我国管理科学领域机构学术合作网络分析［J］．科研管理，2011（12）：104－111.

［190］杨海波．中国工业设计发展现状及产业政策体系研究［C］．科技创新与文化创意产业——2012年山东省科协学术年会分会场青年科学家论坛文集，2012（6）．

［191］杨育谋．工业设计与中国制造的突围［J］．上海经济，2009（9）：52－55，12.

［192］叶蓁．中国出口企业凭什么拥有了较高的生产率？——来自江

苏省的证据［J］. 财贸经济，2010（5）：77－81，136.

［193］易华. 创意阶层理论研究述评［J］. 外国经济与管理，2010（3）：61－65.

［194］尹锋林，张嘉荣. 上海自贸区知识产权保护：挑战与对策［J］. 电子知识产权，2014（2）：34－39.

［195］约翰·冯·杜能. 孤立国同农业和国民经济的关系［M］. 北京：商务印书馆，1997.

［196］岳岚. 基于制造业需求视角的我国设计产业公共政策制定研究［D］. 南京航空航天大学硕士论文，2011.

［197］张纯，王敬甯，王缉慈. 地方创意环境和实体空间对城市文化创意活动的影响——以北京市南锣鼓巷为例［J］. 地理研究，2008（2）：439－448.

［198］张珺. 技术社区在中国台湾高新技术产业发展中的作用［J］. 当代亚太，2007（4）：32－37.

［199］张立，张旭昆. 浙江制造业转型发展态势的实证分析［J］. 湖南社会科学，2012（5）：145－149.

［200］张晓欣. 知识密集型服务业发展与制造业战略升级研究［J］. 湖北社会科学，2010（5）：87－89.

［201］张云伟. 跨界产业集群之间合作网络研究——以张江与新竹 IC 产业为例［D］. 华东师范大学博士论文，2012.

［202］张云逸. 基于技术权力的地方企业网络演化研究［D］. 华东师范大学博士论文，2009.

［203］赵建吉，曾刚. 技术社区视角下新竹 IC 产业的发展及对张江的启示［J］. 经济地理，2010，30（3）：438－442＋430.

［204］赵建吉. 全球技术网络及其对地方企业网络演化的影响［D］. 华东师范大学博士论文，2011.

［205］赵士英，洪晓楠. 显性知识与隐性知识的辩证关系［J］. 自然辩证法研究，2001，17（10）：20－33.

［206］赵中敏，王茂凡. 基于服务型制造视角下的数控机床工业设计研究［J］. 机床电器，2011（8）：4－6.

[207] 郑宗. 硅谷成功与“128”失败的比较 [J]. 经济月刊, 2002 (3): 69 - 70.

[208] 郑文文. 创意产业价值链价值传递机理研究 [D]. 东华大学博士论文, 2009.

[209] 周尚意. 北京 DRC 空间约束下的企业网络特征与创新能力关系分析 [J]. 经济地理, 31 (11): 1845 - 1850.

[210] 周曦. 成都市高新区创新创业环境研究 [D]. 西南交通大学硕士论文, 2010.

[211] 朱华晟等. 发达地区创意产业网络的驱动机理与创新影响——以上海创意设计业为例 [J]. 地理学报, 2010, 65 (10): 1241 - 1252.

[212] 朱华晟等. 基于公私合作视角的城市创意产业公共治理——以北京工业设计业为例 [J]. 经济地理, 2011, 31 (9): 1463 - 1469.

[213] 朱亚丽. 基于社会网络视角的企业间知识转移影响因素实证研究 [D]. 浙江大学博士论文, 2009.